초전도체

초전도체

1판 1쇄 인쇄 2024. 2. 23.
1판 1쇄 발행 2024. 3. 5.

지은이 김기덕

발행인 박강휘
편집 이승환 디자인 조명이 마케팅 정희윤 홍보 박은경
발행처 김영사
등록 1979년 5월 17일(제406-2003-036호)
주소 경기도 파주시 문발로 197(문발동) 우편번호 10881
전화 마케팅부 031)955-3100, 편집부 031)955-3200 | 팩스 031)955-3111

값은 뒤표지에 있습니다.
ISBN 978-89-349-4151-4 03420

홈페이지 www.gimmyoung.com   블로그 blog.naver.com/gybook
인스타그램 instagram.com/gimmyoung   이메일 bestbook@gimmyoung.com

좋은 독자가 좋은 책을 만듭니다.
김영사는 독자 여러분의 의견에 항상 귀 기울이고 있습니다.

양자 시대를 여는 꿈의 물질

초전도체

김기덕

SUPERCONDUCTOR

김영사

자신들의 어깨 위에서 초전도 세상을 볼 수 있게 해준
나의 스승 베른하르트 카이머와 게나디 로그베노프,
학문의 길을 걸을 수 있도록 나를 길러준 부모님,
그리고 내 삶의 상수인 아내에게

차례

머리말
....

내가 초전도 현상을 처음 접한 것은 대학생 때 수강한 전공 실험 수업에서였다. 그 수업은 어렵기로 유명했지만 현대물리학의 다양한 실험을 직접 해볼 수 있다는 매력이 있었다. 여러 실험 중에서도 가장 인기가 높았던 것은 'YBCO'라고 불리는 고온 초전도체를 합성하고 전기저항을 측정하여 초전도 현상을 확인하는 실험이었다. 초전도체 합성은 과자를 굽는 과정과 비슷했다. 막자사발에 세 종류의 가루를 정량해서 잘 섞고 틀에 찍어낸 후, 오븐에서 여러 차례 구워 시료를 만들었다. 그렇게 얻은 시료는 얼핏 보면 먼지나 티끌처럼 보이는 검은 가루가 뭉쳐진 조각이었는데, 외관상으로는 무척 평범해서 전혀 특별한 물질로 보이지 않았다.

우리는 이 조각에 전선을 연결해서 실험 장비에 집어넣고

온도를 내리면서 저항을 측정했다. 온도가 내려가면서 저항도 천천히 떨어졌다. 실험을 함께하는 친구들과 언제 초전도 현상이 나타날지 숨죽여 지켜보았다. 온도가 충분히 내려가 90K(섭씨 영하 183도) 아래로 떨어지니 갑자기 저항이 곤두박질쳤다. 처음으로 초전도 현상을 목도한 순간이었다. 10년도 훨씬 지난 일이지만, 지금도 그 실험실의 광경이 생생하게 기억날 정도로 그날의 초전도 현상은 내게 강렬한 인상을 남겼다. 실험 조교에게 이 물질이 초전도 현상을 보이는 이유를 물었는데, 아직 풀리지 않은 문제라고 했다. 직접 만들어 손에 올려놓을 수 있는 이 물질의 작동 원리를 아직 아무도 모른다고 생각하니 가슴이 두근거렸다.

이 책은 고체물리학에서 개인적으로 가장 아름답다고 생각하는 초전도 현상을 소개하는 입문서이다. 최초 발견부터 지금까지 100년이 넘는 시간이 축적된 분야인 만큼, 책의 전반부인 1장부터 3장에서는 시간의 흐름에 따라서 초전도체와 관련된 사실과 인물들을 소개한다. 1장에서는 누구도 예상하지 못했던 초전도체 발견의 순간을 다룬다. 초전도체 발견은 실험 기술의 한계를 돌파하고자 했던 부단한 노력이 있었기에 가능했다. 그리고 이 발견에는 당대를 주름잡던 두 물리학자의 드라마도 얽혀 있다. 2장에서는 양자역학적 현상으로서의 초전도 현상에 대해 알아본다. 저항이 0으로 떨어지는 익히 알려진 현상을 포함하여 초전도체의 모든 성질은 사실상 양자 현상이다. 하지만 마이스너 효과와 조지프슨 효과 등 초전도체의 중요한 양자역학적 특징에 대해서는 비교적 덜 알려져 있기에 2장에서 자세히 다루어보려 한다. 3장에서는 오랜 시간 미스터리로 남아 있던 초전도 현상의 원리를 성공적으로 설명한 'BCS 이론'을 소개한다. 초전도체의 원리는 물리학의 수많은 거인들이 도전했지만 함락할 수 없는 성이었다. 양자역학에 능숙해진 새로운 세대의 물리학자 세 사람이 이 성을 공략한 이야기는 영웅담처럼 흥미롭다.

4장에서는 고온 초전도체를 다룬다. 고온 초전도체라고 하면 대개 30K 이상의 온도에서 초전도 현상을 보이는 물질을 말한다. 섭씨온도로는 영하 200도보다도 낮은 온도이지만, BCS 이론은 그 정도를 초전도 현상이 나타날 수 있는 한계온도로 보았기에 그 이상의 온도에서 초전도 현상을 보인 물질군에 '고온' 초전도체라는 이름을 붙인다. 이 주제는 내가 여러 저자와 함께 쓴 《물질의 재발견》에서 이미 다룬 바가 있어 여기서는 그 책에서 다루지 못했던 내용을 중심으로 다루려고 한다. 특히 도핑이 전기 전도도를 만들어내는 물리적 원리나, 고압 초전도체에 대해서 더 자세히 다루었다. 고온 초전도현상은 나를 비롯한 수많은 연구자가 시료를 만들고 그 특성을 측정하면서 지금도 활발히 연구되고 있다. 5장에서 다루는 내용은 최근 50년 사이에 초전도 현상과 관련해서 이루어진 발견과 연구들이다. 이 부분은 아직도 확정되지 않은 내용이 많기 때문에, 새로운 발견으로 뒤집힐 수 있는 설명도 있을 것이다. 하지만 초전도 분야의 발전을 위해서는 아직 불확실하다고 해서 지도를 보여주지 않는 것보다는, 다소 미심쩍은 부분이 있더라도 최신의 지도를 제공하는 편이 나을 것이라는 생각에 수록했다. 물론 최대한 신중하게 쓰려고 했다.

초전도라는 현상 자체가 매력적이어서 그랬는지, 아니면 참여했던 물리학자의 수가 많아서 그랬는지는 모르지만 이 분야에는 '미확인 초전도 물체'라고 부르는 해프닝과 일어나지 말았어야 할 몇몇 스캔들이 있다. 4장의 '미확인 초전도 물체' 꼭지에서는 상온 초전도체로 오인된 해프닝들을 다룬다. 우리나라에서도 미확인 초전도 물체라고 부를 만한 해프닝이 있었다. 국내 한 민간연구소가 2023년 여름에 상온 상압 초전도체라고 발표한 'LK-99'가 바로 그것이다. 나는 고온 초전도체 합성을 전공한 사람으로서 이 물질과 관련해서 여러 미디어에 출연하여 내 의견을 밝혔는데, 이런 경험을 통해 과학자의 사회적 역할에 대해서 많이 고민해보게 되었다. 그런 고민을 글에 담아보려 했다. 5장의 '보물 창고와 도둑들' 꼭지에서는 학계에서 큰 이슈가 되었던 스캔들 몇 가지를 소개한다. 자연을 탐구하는 것이 본질인 과학계에도 범죄라고 볼 수 있는 데

이터 조작과 협박 등이 일어난다. 초전도 현상에 얽힌 이러한 어두운 사건에 대해서도 짧게 다루었는데, 해프닝이나 스캔들의 주인공을 비난하려는 것은 아니고, 새로운 과학적 발견이 있을 때 학계에서 그것을 비판적인 눈으로 보아야 하는 이유를 담아내려 했다.

이 책은 물리학 책이지만 방정식은 한 줄도 쓰지 않았다. 물리학자는 방정식을 통해서 현상을 해석하는 훈련을 받은 사람들이기 때문에 백 줄의 글보다 한 줄의 방정식이 편할 때도 있다. 하지만 이 책에서는 물리학의 언어인 방정식과 실험 데이터를 가급적 우리가 사용하는 일상의 언어로 옮기려 노력했다. 애는 썼지만, 같은 언어가 이 사람에서 저 사람에게 건너가기만 해도 놓치게 되는 것들이 있는데, 방정식을 우리말로 옮기는 과정에서 내가 놓친 부분들이 분명히 있을 것이다. 서툰 방정식 번역 솜씨를 독자들이 너그럽게 이해해주시기를 바랄 뿐이다. 이 책을 통해 내가 초전도체를 보며 느꼈던 황홀감을 독자들과 조금이라도 공유할 수 있으면 좋겠다.

○

세기의 난제 초전도체

세계에서 가장 저명한 과학 학술지로 꼽히는 〈사이언스〉에서
는 2005년, 창간 125주년을 기념하여 인류가 아직 대답하지
못한 질문 125개를 선정했다. 물리학을 비롯하여 수학, 화학,
생물학, 정치학, 컴퓨터과학 등 과학의 전 분야를 망라한 질문
125개 중에는 놀랍게도 고온 초전도체의 원리에 관한 질문이
두 가지나 있다. 한 학술지에서 발표한 목록이 역사상 가장 중
요하고 어려운 문제를 대표한다고 볼 수는 없겠지만, 이를 통
해 적어도 고온 초전도 현상이 과학자들 사이에서 꽤 중요한
문제로 여겨진다는 것은 알 수 있다. 그로부터 20년 가까이
지나 내가 이 글을 쓰는 2024년 현재까지 여전히 해결되지
않은 그 두 질문 중 하나는 "고온 초전도체에서 전자쌍이 형
성되는 원리는 무엇인가"이다. 이 짧은 질문에 우리가 앞으로

살펴볼 초전도체에 대한 거의 모든 것이 담겨 있다고 해도 과언이 아니다(나머지 질문 하나는 "고온 초전도체를 포함한 강상관계 물질들의 성질을 설명할 수 있는 통합 이론이 과연 있을까?"라는 질문이다).

고온 초전도체 이야기는 1911년 네덜란드의 작은 도시 레이던에 있는 한 실험실에서 시작된다. 물리학자 헤이커 카메를링 오너스의 실험실에서 처음 탄생한 초전도체는 아직 고온이라고 이름 붙일 수 없는, 당시 인간이 구현할 수 있는 가장 낮은 온도에서 실험을 하던 중에 우연히 발견되었다. 이 발견은 이후 많은 물리학자를 사로잡아서 지금까지 초전도 현상과 관련한 노벨 물리학상 수상자도 여럿 나왔다.

초전도체는 시대를 뛰어넘는 발견이었다. 막스 플랑크가 양자역학 개념을 처음으로 고안한 것이 1900년이었으니, 오너스의 발견 당시는 아직 양자역학이 성숙하지 못했을 때다. 물질의 복잡한 성질을 설명할 수 있는 이론적 기반이 부족했기에, 발견 직후부터 초전도 현상을 설명하려고 도전한 수많은 이론물리학자는 결국 실패할 수밖에 없었다. 그중에는 '천재'라는 단어가 가장 잘 어울리는 아인슈타인도 있었다. 1911년 첫 초전도체 발견 후 46년이 지나서야 새로운 세대의 물리학자 삼총사 존 바딘, 리언 쿠퍼, 존 로버트 슈리퍼가 마침내 초전도체 안에서 무슨 일이 일어나고 있는지를 밝혀냈다. 발견자들의 이름의 머리글자를 딴 'BCS 이론'과 그 기반이 된 전자쌍에 얽힌 이야기는 물리학계의 수많은 전설 중 하나이다.

BCS 이론으로 초전도 현상의 모든 의문이 풀렸다면 인류가 해결해야 할 난제 목록에 초전도체가 아직까지 남아 있지는 않았을 것이다. 처음으로 초전도 현상이 발견되고 75년이 지난 1986년, 전혀 새로운 종류의 초전도체가 등장하여 다시 한번 세상을 놀라게 했다. 바로 BCS 이론으로는 설명할 수 없는, 높은 온도에서 초전도 현상을 보이는 물질이 발견된 것이다. 오늘날 '고온 초전도'라 불리는 분야가 탄생한 순간이었다. 고온 초전도 현상은 금속이 아닌 도자기와 같은 세라믹 물질에서 발견되었다. 이 역시 전혀 예상할 수 없던 발견이었기에 이 발견을 기점으로 초전도 연구에 다시 불이 붙었고, 계속된 노력으로 이제는 다양한 물질들이 '고온 초전도체 클럽'에 들어가게 되었다.

초전도체 연구는 지나간 역사가 아닌 현재진행형의 역사이다. 고온 초전도 현상이 왜 일어나는지에 대한 완벽한 설명도 아직 나오지 않았을 뿐 아니라, 새로운 종류의 고온 초전도 물질들이 지금도 계속 발견되고 있다. 그중에는 2019년 혜성처럼 등장한 수소 기반 고압 초전도체가 있는데, 이 물질은 섭씨 영하 23도에서 초전도 현상을 보이는 신기록을 세웠다.[1] 비록 극고압 상태에서의 현상이긴 하지만, 이 발견을 보면 상온 초전도체가 나타날 날도 머지않은 것 같다. 게다가 이 물질에 대한 연구는 이제 시작 단계이기 때문에 앞으로 얼마나 더 높은 온도에서 초전도 현상을 구현할 수 있을지 예측할 수 없다.

초전도 현상의 매력은 많은 과학자를 끌어들였고, 고온 초전도체 발견은 이들에게 언젠가는 상온 초전도체도 발견될 것이라는 꿈을 심어주었다. 하지만 꿈은 언제나 닿기 어려운 곳에 있는 법이다. 상온 초전도체를 향한 도전과 이에 얽힌 안타까운 순간들까지, 이제부터 고체물리학에서 가장 매력적인 물질인 초전도체에 대해서 알아보도록 하자.

초전도체를 영어로는 'superconductor'라 한다. 이름 그대로 슈퍼맨처럼 초월적super 능력을 가진 전도체conductor이다. 그리고 슈퍼맨에게 크립토나이트가 그렇듯이 초전도체에게도 치명적인 존재가 있다. 바로 열이다. 초전도체는 극저온에서는 초전도 현상을 보이지만 열이 가해지면, 즉 온도가 올라가면 힘을 잃고 일반적인 전도체로 변한다. 용어를 한번 짚고 넘어가자면 전도체는 전기를 잘 흘리는 물질이고, 부도체(절연체)는 전기가 잘 흐르지 않는 물질, 반도체는 본래는 부도체에 가깝지만 불순물을 넣어주거나 전기장과 같은 외부 자극을 이용하면 전기가 잘 흐르게 되는 물질이다. 전기와 관련하여 물질은 이렇게 세 종류로 나눌 수 있는데, 초전도체는 물질의 새로운 상태로 분류될 정도로 차원이 다른 전기 전도성을 보여 그런 이름을 얻었다. 전도체, 부도체, 반도체에 대해서 조금 더 자세히 알아보자.

전도체 중에서 우리 주변에서 쉽게 볼 수 있는 물질로는 금(Au), 은(Ag), 구리(Cu)와 같은 금속이 있다. 이 외에도 주기율표에서 찾아볼 수 있는 티타늄(Ti), 납(Pb), 인듐(In), 알루미늄(Al), 우라늄(U) 등 많은 금속이 전도체이다. 물론 단위원소로 이루어진 금속만 전도체인 것은 아니다. 금속을 조합하여 만든 합금도 전기를 잘 흘릴 수 있다. 또 금속이 산소와 결합한 산화물, 황과 결합한 황화물처럼 복잡한 화합물 중에도 전도체가 있다. 산소와 다른 원소의 화합물인 산화물은 보통 전기가 잘 통하지 않지만, 몇몇 화합물은 전기를 아주 잘 통할뿐더러 저온에서는 초전도 현상을 보이기도 한다. 이런 화합물들에 대해서는 4장에서 더 알아볼 것이다.

부도체에는 유리나 다이아몬드와 같은 물질이 있다. 부도체는 전기의 흐름을 막아야 할 때 사용하며, 전선에 흐르는 전기가 외부로 새어나가지 않게 감싸주는 역할을 하기도 한다. 사실 전기가 흐르지 않으니 전기적으로는 다소 지루한 물질로 볼 수 있지만, 부도체에 전기가 흐르지 않는 이유를 깊이 들여다보면 양자역학과 관련이 있다. 이에 대해서도 4장에서 더 상세히 다루었다.

반도체 물질은 화학적으로 불순물을 넣어서 전기가 잘 통하는 전도체로 바꿀 수도 있지만, 전기장을 이용해서 비슷한 효과를 낼 수도 있다. 전기로 반도체의 전도성을 껐다 켰다 할 수 있게 되는 것이다. 반도체의 대표 물질은 실리콘으로 불리는 규소(Si)이다. 컴퓨터나 스마트폰에 들어가는 많은 반도체 소자가 바로 이 실리콘을 기반으로 만들어진다(참고로 부연하자면, 우리가 사용하는 반도체 소자에는 반도체뿐만 아니라 전도체, 부도체가 모두 들어가 있다. 반도체 소자는 전자를 제어해서 원하는 기능을 얻어내는 전자소자이기 때문에, 이처럼 다양한 종류의 물질을 활용해야 한다. 하지만 이 소자를 작동시키는 가장 핵심적인 특성이 반도체의 특성이기 때문에 '반도체 소자'라고 하는 것이다).

다시 전도체에 대한 이야기로 돌아가보자. 앞서 이야기했듯 대부분의 금속은 전기를 잘 흘리는 편이지만 전기를 흘리는 정도는 각기 다르다. 금속 중에서 우수한 전도체로는 금, 은, 구리 정도를 뽑을 수 있는데, 이 중에서 가격과 성능을 고려해 상업적으로 가장 많이 사용되는 금속은 구리이다. 전자제품에 있는 도선을 잘라보면 붉은빛을 띠는 구리로 만들어진 단면을 볼 수 있다. 물론 고가의 반도체칩에는 전기가 잘 통하는 금을 사용하기도 한다.

반면 금속 중에서도 상대적으로 전기를 흘리는 능력이 떨어지는 물질이 있다. 쉽게 볼 수 있는 납과 알루미늄과 같은 금속이 그런 종류에 속한다. 하지만 전기가 상대적으로 잘 흐르지 않는 금속도 극저온에서는 금과 은의 전도성을 뛰어넘을 수 있다. 어떤 금속은 저온에서 전도체를 넘어 초전도체로 변신하기도 한다. 초전도체가 되는 금속은 상대적으로 상온에서 저항이 높은 경향이 있는데, 그 까닭에 대해서는 3장에서 더 자세히 설명할 것이다.

슈퍼맨이 단순히 사람보다 힘이 조금 센 것이 아니라 다양한 초능력을 갖고 있는 것처럼, 초전도체도 그저 전기만 잘 흘리는 것은 아니다. 초전도체는 일반적인 전도체에서는 볼 수 없는 여러 초능력을 갖고 있다. 초전도체의 놀라운 성질을 세 가지로 정리하면 다음과 같다. 첫째, 전기저항이 0이다. 둘째, 초전도체 내부의 자기장을 0으로 만드는 '마이스너-옥센펠트 효과'를 보인다. 셋째, '조지프슨 효과'와 '자기선속 양자화 현상' 같은 거시적 양자 현상을 보인다.

이 세 가지가 초전도체를 규정하는 특징이다. 따라서 초전도 현상을 보이는 물질을 새로 발견했을 때에는 이 특징을 모두 갖고 있는지 확인하는 것이 중요하다. 실험하기 어려운 셋째 특징은 생략되는 경우도 있지만, 적어도 첫째와 둘째 성질은 반드시 확인되어야 초전도체로 분류할 수 있다. 우선 초전도체라는 이름과 관련이 깊은 첫째 특징부터 알아보자.

• 핵심 정리 •

초전도체의 세 가지 특징

1. 전기저항 = 0

2. 마이스너-옥센펠트 효과

3. 거시적 양자 현상

1

초전도체의
발견

SUPERCONDUCTOR

○

전자 운동의 장애물과 전기저항

고체물리학에서 언제나 가장 주목을 많이 받는 주인공은 전자이다. 고체물리학자가 하는 모든 실험과 계산은 전자의 행동을 추적하기 위한 것이라고 해도 틀린 말은 아니다. 전자가 흥미로운 이유는 여럿 있지만, 그중 하나는 전하를 띠고 있다는 점이다. 전자는 전하를 띠기 때문에 전기장에 반응하여 힘을 받는다. 그리고 우리는 배터리를 이용해 물질에 전기장을 걸어주어 전자를 움직일 수 있다. 이렇게 생긴 전자의 흐름이 바로 우리가 매일 사용하는 전기이다. 우리 몸을 제어하는 신경계도 전기의 흐름으로 작동한다. 이렇게 우리는 안팎으로 전자의 움직임과 함께하고 있다고 할 수 있다.

우리 우주에 전자는 셀 수 없이 많지만, 모든 전자는 서로 구분할 수 없이 동일하다. 하지만 일란성 쌍둥이라도 서로 다른 환경에서 자라면 전혀 다르게 성장할 수 있는 것처럼, 이 전자들도 주변 환경에 따라서 행동하는 양상이 바뀐다. 전기가 통하지 않는 부도체에서 전자는 원자핵에 꽉 잡혀 있어 옆으로 넘어갈 수 없다. 이것이 부도체에 전기가 흐르지 않는 이유이다. 하지만 전도체 속의 전자는 비교적 자유롭게 한 원자에서 옆에 있는 다른 원자로 넘어갈 수 있다.

이러한 물질의 전기적 특성은 물질 안에서 전자의 행동에 대한 많은 정보를 담고 있기 때문에 고체물리학자는 물질을 분류할 때 전기적 특성을 가장 중요한 기준으로 삼고, 이 특성을 통해서 전자가 물질 안에서 어떤 환경에 놓여 있는지를 유추해낸다.

전기적 특성을 연구하기 위해서는 전기가 흐르는 정도를 나타낼 숫자가 필요하다. 물리학자는 숫자를 좋아한다. 어떤 성질이든 숫자로 표현해야 직성이 풀린다. 전도체 내에서 전기가 잘 통하는 정도를 정량화한 것이 바로 전기저항인데, 물체에 전기를 흘려서 얻은 전류와 전압 값을 옴의 법칙(저항=전압÷전류)에 대입하여 얻는다. 여기에서 전류는 흐르는 전자의 양에, 전압은 전자에게 전달한 에너지의 크기에 비례한다. 따라서 저항은 물체를 가로질러 전자를 옮길 때 필요한 에너지의 양과 비례한다고 할 수 있다. 저항이 크면 전자를 움직이는 데 많은 에너지가 필요하다.

내가 일하고 있는 막스플랑크연구소의 한 연구실 문에는 프랑스어로 "vive la resistance"라는 문구가 적혀 있다. 이 문구 옆에는 자신을 속박하는 모든 것에 저항하려는 듯 소리치는 청년과 전기저항의 단위인 옴을 나타내는 'Ω' 모양이 그려져 있다. "저항이여 영원하라"라는 의미의 이 문구는 전기저항과 저항운동을 뜻하는 단어가 같은 것을 이용한 언어유희이다. 전기저항은 그 이름처럼 전자의 움직임을 방해하는 것과 관련이 있다. 저항이 없다면 전자는 한 지점에서 다른 지점으로 자유롭게, 에너지 손실 없이 움직일 수 있다. 전자가 움직이는 데 따로 에너지가 필요하지 않은 것이다. 하지만 초전도체를 제외한 모든 물질에는 전기저항이 존재하며, 전자에게서 뺏은 에너지는 열의 형태로 손실된다. 그래서 전기를 사용하면 전선에서 열이 발생하는데, 전기난로 같은 전열기는 이 원리를 이용해서 열을 만들어낸다.

(참고로 전기저항 값은 물체의 길이와 단면적과도 관계가 있다. 물이 배관을 따라 지나갈 때 관이 좁고 길면 물이 흘러가기 어려운 것처럼, 물체의 길이가 길고 단면적이 작으면 전기저항도 커서 전자가 흐르기 어렵다. 이렇게 물체의 모양이나 크기에 따라서 바뀌는 값은 물질의 고유한 성질이라고 할

수 없을 것이다. 저항의 정도를 물체의 크기와 상관없는 고유한 속성으로 만들기 위해서는 정확히 같은 크기와 모양을 가진 물체 사이의 저항을 나타내는 값이 있어야 한다. 이 값이 바로 길이와 단면적이 1로 동일한 경우를 가정한 '저항률' 또는 '비比저항'인데, 초전도체에서는 어차피 저항이 0으로 떨어지기 때문에 여기서는 따로 이 용어를 사용하지 않았다.)

그런데 전기저항은 왜 생기는 걸까? 물질마다 저항이 생기는 원인은 다양하지만, 일반적인 금속에서 전기저항이 생기는 까닭은 크게 두 가지로 나눠볼 수 있다. 첫째는 물질에 포함되어 있는 결함이나 불순물 때문이다. 이상적인 물질의 원자 배열은 규칙적이겠지만, 실제 물질의 속을 들여다보면 원자가 빠져 있거나 이상한 자리에 위치해 있거나 다른 종류의 원자가 섞여 있을 수 있다. 이런 결함이나 불순물은 전자가 이동하는 길에 놓인 장애물처럼 작용하여 전자의 경로를 휘게 만들거나 심지어는 반대 방향으로 튕겨 보내기도 한다.

저항이 생기는 둘째 원인은 격자진동이다. 금속의 내부를 들여다보면 원자핵이 3차원 바둑판처럼 규칙적으로 배열되어 있는데 이런 구조를 '격자lattice'라 한다. 원자핵은 전자에 비해서 수천 배 이상 무거운데, 이렇게 무거운 원자핵으로 이루어진 구조 위를 작고 가벼운 전자가 돌아다니고 있는 것이다. 이 격자가 움직이지 않는다면 전자는 마치 쭉 뻗은 선로 위에 놓인 고속열차처럼 쉽게 달릴 수 있을 것이다. 그런데 격자는 가만히 있지 않는다. 원자핵은 마치 스프링에 연결된 무거운 공처럼 원래의 자리를 기준으로 진동한다. 이런 격자의 진동을 물리학자들은 '포논phonon'이라 부른다. 전자는 이 격자진동에 진로 방해를 받아서 움직이는 방향이 바뀐다.

전기저항을 만드는 격자진동이 마냥 쓸모없는 것은 아니다. 저항 자체도 사용할 곳이 있으며, 격자진동 덕분에 가능한 물리 현상도 많다. 그래서 이 포논이라는 현상을 연구하기 위한 다양한 이론적, 실험적 기술이 존재한다. 포논은 소리나 열을 전달하기도 하고, 우리의 주제인 초전도 현상과 관련해서도 BCS 이론에서 없어서는 안 될 존재이다.

전기저항을 설명할 때 격자의 결함과 진동, 두 원인 중 무엇이 더 중요하냐고 묻는다면 답은 "온도에 따라 다르다"가 될 것이다. 물질의 결함에 의한 방해는 온도에 상관없이 일정하다. 장애물의 수가 온도에 따라서 바뀌지는 않기 때문이다. 반면 포논에 의한 방해는 온도에 따른 변화가 있다. 온도가 높으면 이 열에너지를 저장하기 위해서 격자 내에서 더 많은 진동이 일어난다. 따라서 온도가 올라가면 포논에 의한 저항도 증가한다. 온도에 따른 금속의 전기저항을 그려보면 온도가 높을 때에는 비교적 큰 저항 값을 갖는데, 이때에는 포논에 의한 저항이 지배적이다. 그러다가 온도가 낮아질수록 포논이 조용해지며 저항이 특정 값으로 수렴하는 경향을 보인다. 이렇게 도달하는 최솟값은 물질에 섞인 불순물이나 결함의 양과 관련이 있다.

전기저항의 이러한 온도 의존성을 보며 19세기 물리학자들은 궁금했다. 온도를 계속 내려 가장 낮은 온도인 절대영도에 도달하면 저항은 어떻게 될까? 크게 두 가지 가능성이 있어 보였다. 하나는 격자진동이 완전히 사라져 포논에 의한 전기저항이 0이 되는 것이고, 다른 하나는 전자의 움직임마저 꽁꽁 얼어버려 전기가 전혀 흐르지 않는 무한대의 저항 상태가 되는 것이다. 이를 확인해보기 위해서는 물질을 직접 절대영도로 냉각시켜보는 수밖에 없었다.

• 핵심 정리 •

1. 금속에서 전기저항은 격자의 결함과 진동(포논) 때문에 생긴다.

2. 포논에 의한 전기저항 값은 온도가 낮아질수록 작아진다.

절대영도에 도달하기 위한 날갯짓

우리가 사용하는 온도는 물의 어는점과 끓는점을 각각 0과 100으로 정한 섭씨온도이다. 섭씨온도는 실생활에서 기온과

체온 등을 잴 때 가장 많이 사용하는 표준온도 체계이며, 기호는 ℃를 사용한다. 지구 표면의 대부분은 물로 덮여 있고, 인간 체중의 약 60~70퍼센트는 물이기 때문에 인간의 입장에서 물은 중요한 물질이다. 그래서 물의 상태변화를 기준으로 하는 섭씨온도를 일상에서 사용하는 것도 자연스럽게 느껴진다.

하지만 물리학자의 입장에서 물은 그저 수많은 물질 중 하나일 뿐이다. 물리학에서는 켈빈(K)을 단위로 하는 절대온도를 사용한다. 절대영도(0K)는 열역학적으로 물질이 도달할 수 있는 가장 낮은 온도이며, 이 0K을 기준으로 온도가 올라간다(아주 특별한 경우 절대온도도 음수 값을 가질 수 있다). 기체는 이론적으로 절대영도에 도달하면 에너지와 부피가 사라져야 한다. 물론 실제 기체는 원자로 만들어졌기 때문에 부피가 사라질 수는 없다.

절대온도가 과학자들이 사용하는 온도체계라고 겁먹을 필요는 없다. 섭씨온도에서 절대온도로 변환하는 법은 간단하다. 섭씨온도 체계와 절대온도 체계의 눈금 크기는 같기 때문에 기준점만 바꿔주면 된다. 섭씨 영하 273도가 절대온도 0K에 해당한다. 물이 끓는 온도인 섭씨 100도는 373K이다. 처음에는 낯설게 느껴질 수 있지만 초전도 현상은 상온보다는 절대영도에 가까운 온도에서 일어나는 현상이기 때문에, 절대온도를 사용하는 것이 더 자연스러울뿐더러 음수를 사용하지 않아도 되니 편하기도 하다. 앞으로 상온 초전도 시대가 되면 초전도체에 대해 논할 때에도 섭씨온도를 사용하는 날이 올지도 모르겠다.

절대온도의 기준점인 절대영도는 19세기 과학자들에게 눈에는 보이지만 다다를 수 없는 존재였다. 그리스 신화에서 이카로스가 태양에 도달하려고 노력하지만 가까이 갈수록 정성껏 만든 날개가 녹아버렸던 것처럼, 절대영도는 인간이 만든 기술로는 도달할 수 없는 경지처럼 보였다. 온도를 낮추는 경쟁은 세상에 존재하는 모든 기체를 액화시키려는 과학자들의 호기심에서 시작되었다. 물의 온도를 올리면 373K에서 기화되어 수증기가 되며, 반대로 뜨거운 수증기를 373K 이하의 온도로 낮추면 물로 액화된다. 물이 우리 주변에서 대부분 액체 형태로 존재하는 이유는 물의 끓는점이 상온(300K 정도)보다 높기 때문이다. 상온에서 기체로 존재하는 질소와 산소 같은 물질들은 끓는점이 상온보다 낮다. 이런 물질들 역시 끓는점 아래로 냉각해야 액체로 만들 수 있는데, 19세기에 일부 기체는 온도를 아무리 낮춰도 계속해서 기체 상태를 유지하는 것처럼 보였다.

당시의 과학자들은 액화되지 않고 영원히 기체로 남아 있을 것만 같은 산소(O), 질소(N), 수소(H), 헬륨(He) 등의 기체를 '영구기체permanent gas'라고 불렀다. 하지만 몇몇 도전적인 과학자들에게 '영원'이라는 단어는 '아직'이라는 의미에 불과했다. 이들은 영구기체의 아성을 무너뜨리기 위해 온갖 노력을 기울였다. 영구기체를 정복하기 위한 전쟁에서 가장 강력한 무기는 저온 기술이었다. 과학자들이 이룬 실험 기술의 발전과 더불어 이미 정복하여 액화시킨 물질들도 냉매로 쓸 수 있었기 때문에 온도를 낮추는 데 도움이 되었다. 결국 산소는 90K에서, 질소는 77K에서 액화되었고, 영원히 그릇에 담기지 않을 것 같았던 물질들도 하나둘 영구기체라는 이름을 잃고 우리 손안에 들어왔다. 하지만 시간이 지나도 길들여지지 않는 두 물질이 있었다. 액화를 거부하고 마지막까지 남은 기체는 가장 가벼운 두 기체, 수소와 헬륨이었다.

이 두 기체를 액화하기 위해서는 이전과는 다른 차원의 낮은 온도가 필요했다. 물체의 온도를 낮추는 일은 온도를 높이는 일에 비하면 매우 어렵다. 온도를 높이는 것과 낮추는 것은 서로의 역반응이니 단순히 거꾸로 하면 된다고 생각할 수 있지만 생각만큼 그 일이 쉽지가 않다.

먼저 온도를 높이는 방법에 대해서 생각해보자. 온도를 높이는 가장 간단한 방법은 연료를 태워서 가열하는 것이다. 이 과정은 연료에 저장된 화학에너지가 열에너지 형태로 변환되는 것으로 볼 수 있다. 또는 전기난로처럼 열선에 전기를 흘려 전기에너지를 열에너지로 변환해 온도를 높이는 방법도 있다. 이것의 역반응을 간단히 일으킬 수 있을까? 그렇지 않다. 이는 엔트로피에 관한 열역학 제2법칙과도 관련이 있다. 연료를 태우는 것의 역반응을 쉽게 일으킬 수 있다면 인류가 지구온난화를 걱정할 이유는 없을 것이다. 그렇다면 온도를 낮추는 것이 가능하기는 할까? 물론 불가능하지는 않다. 우리 주변만 살펴보아도 냉장고라는 획기적인 발명품이 있지 않은가. 온도를 낮추는 데에는 더 복잡한 과정이 필요할 뿐이다. 냉장고가 없다면 일상에서 어떻게 물체의 온도를 낮출 수 있을지 잠시 생각해보자. 바로 떠오르는 것이 있는가?

온도를 낮추기 위한 첫 번째 방법은 기화열을 이용하는 것이다. 냉장고도 이 원리를 활용하여 작동한다. 액체가 형태를 갖추고 한 덩어리로 존재할 수 있는 이유는 액체 안에서 분자들이 서로를 인력으로 붙잡고 있기 때문이다. 이 인력을 떨쳐내고 기체가 되기 위해서는 어디선가 에너지를 추가로 공급받아야 한다. 액체가 기화하려면 이렇게 주변에서 에너지를 강제로 빼앗아야 하는데, 이때 빼앗는 열을 기화열이라 한다. 기화하는 액체 주변에 있는 물질은 기화열을 뺏기면서 온도가 낮아지는데, 땀이 마르면서 시원한 기분이 드는 것도 이 기화열 때문이다. 냉각 기술에 기화열을 적극적으로 활용하려면 액체가 저절로 기화될 때까지 마냥 기다려서는 안 된다. 어떻게 하면 강제로 기화를 가속할 수 있을까?

액체가 기화하는 일에는 온도와 압력이 모두 중요한 역할을 한다. 대기압에서 물은 섭씨 100도에서 끓지만 압력을 낮추면 더 낮은 온도에서 끓는다. 같은 지구상에서도 공기의 압력은 장소에 따라 다르다. 공기를 이루는 원자들은 지구 중력에 잡혀 있기 때문에, 고도가 높아지면 공기가 희박해지다가 지구 밖으로 나가면 공기를 이루는 분자도 찾기 어려워진다. 즉 공기의 압력은 고도가 높을수록 낮다. 고도가 높은 산에서 밥을 지으면 밥이 설익는 까닭도 높은 산에서는 물이 낮은 온도에서 끓어버려 쌀을 제대로 익힐 수 없기 때문이다. 반대로 압력이 높으면 액체의 끓는점도 올라간다. 압력밥솥으로 지은 밥이 더 맛있고 빨리 되는 이유는 전기밥솥보다 더 높은 온도에서 밥을 하기 때문이다. 이렇게 압력을 조절하면 끓는점을 대폭 낮춰서 액체를 기화시키거나 끓는점을 올려서 기체를 액화시키는 것이 가능하다. 예를 들면 휴대용 버너에 사용하는 가스의 주성분인 뷰테인(부탄)은 끓는점이 272K(섭씨 영하 1도)으로 상온에서는 기체 상태이다. 하지만 상온에 보관되어 있는 부탄가스통을 흔들어보면 그 안에 액체가 채워져 있는 것을 알 수 있는데, 압력을 높여서 끓는점을 상온 이상의 온도로 올려놓았기 때문이다. 반대로 압력을 낮춰서 진공상태로 만들면 상온에서 액체로 존재하는 물질도 기체로 만들 수 있다. 물도 펌프를 이용해서 주변 공간을 진공으로 만들면, 끓어오르며 수증기로 상태변화하는 것을 볼 수 있다. 그렇다면 기화를 가속시키는 방법에 대한 답은 이미 나온 셈이다. 압력을 갑자기 낮추면 된다.

냉장고를 예로 들어보자. 기화열을 활용하기 위해서는 액체 상태의 냉매가 필요하다. 먼저 냉장고 밖에서 기체 냉매를 고압으로 눌러 액체 상태로 만든다. 이 과정에서 온도가 상온 이상으로 올라가는데 이 때문에 냉장고 뒤쪽을 만져보면 상당히 뜨겁다. 뜨거워진 냉매는 냉각을 시키는 데는 쓸모가 없기 때문에 공기와의 열교환을 통해서 상온까지 온도를 다시 낮추어야 한다. 이렇게 준비된 액체 상태의 냉매를 압력이 낮은 공간으로 뿜어낸다. 이 과정을 통해 액체 냉매 일부가 강제로 기화된다. 마치 많은 양의 땀이 한꺼번에 증발하는 것처럼 냉매는 많은 기화열을 뺏기고 차가워진다. 이렇게 차가워진 냉매를 이용해 냉장고 내부 공간을 냉각시킬 수 있다. 이 과정이 모두 끝나면 냉매에 다시 압력을 가해 응축시켜 액체 상태로 만든다.

이것이 바로 산소와 질소 같은, 한때 영구기체였던 기체들을 액화시키는 데 사용한 방법이다. 하지만 기화열을 이용하는 방법에는 액체 냉매가 반드시 필요하다는 한계가 있다. 일정 온도 이하로 내려가면 어떤 액체 냉매도 고체가 되어버린다. 예를 들어 액체산소를 냉매로 사용한다고 해도 54K에서는 냉매가 고체로 변해버린다. 더 낮은 온도를 위해서는 기화열 말고 다른 방법이 필요했다.

· 핵심 정리 ·

1. 액체 냉매의 기화열을 활용하면 온도를 낮출 수 있다.
2. 압력을 낮추면 기화를 가속시켜 빠르게 냉각시킬 수 있다.
3. 냉매가 얼어버리는 어는점 이하에서는 이런 방법을 사용할 수 없다.

린데 공정과 판데르발스의 이론

더 낮은 온도에 도달하기 위한 다른 방식의 냉각법도 네덜란드의 작은 도시 레이던에서 그 실마리가 보이기 시작했다. 레이던은 오너스가 일하는 대학교가 있는 곳이기도 했지만, 또 다른 노벨 물리학상 수상자 요하네스 디데릭 판데르발스의 고향이기도 했다.

지금은 박사과정 중 학술지에 논문을 출판하는 일이 일반적이라 학위 논문의 의미가 많이 퇴색되었지만, 원래 박사학위 논문은 공식적인 학계 데뷔를 의미했다. 오랜 시간 연구해온 결과를 한 권의 책으로 정리해서 내는 박사학위 논문 중에는 아인슈타인의 논문처럼 번뜩이는 아이디어가 담긴 것도 있지만 조금 서툴고 평범한 시도들도 많은데, 판데르발스의 박사학위 논문은 당시 물리학계에 혁명을 일으켰다고 할 수 있다. 그는 기체와 액체에 관한 연구로 35세라는 조금 늦은 나이에 박사학위를 받았지만, 이 연구 덕분에 1910년 노벨 물리학상을 받았다.

판데르발스의 주요한 업적 중 하나는 기체와 액체에 적용할 수 있는 상태방정식을 '수정'하고, 이 방정식이 모든 물질에 적용될 수 있다는 사실을 입증한 것이다. 상태방정식이란 물질의 압력, 부피, 온도 사이의 관계를 나타내는 방정식인데, 중학교 때 배우는 보일-샤를의 법칙도 상태방정식의 기초적인 형태이다. 그런데 이 방정식을 처음 만들어낸 것도 아니고 조금 수정한 것이 뭐 그렇게 대단할까? 원래의 상태방정식은 분자의 크기도 없고 분자 사이의 상호작용도 없는 이상적인 상태를 가정한 방정식이었다. 이런 이상기체 방정식은 높은 온도의 가벼운 기체에는 적용할 수 있었지만, 온도를 낮추면 이론과 실험의 괴리가 점점 커졌다. 게다가 분자 사이의 상호작용도 고려하지 않기 때문에, 기체에서 액체로 넘어가는 상태변화도 설명할 수 없었다. 판데르발스는 분자의 크기와 그 사이의 상호작용, 엄밀히 말하면 인력을 고려하여 상태방정식을 수정했다.

아주 작은 수정이었지만, 단순히 기체의 압축과 팽창을 설명하던 상태방정식 v1.0은 기체에서 액체로 변하는 상태변화까지 설명할 수 있는 전혀 새로운 상태방정식 v2.0으로 바뀌게 된다. 판데르발스가 인력을 도입한 덕에 그의 방정식을 사용하면 기체 상태의 물질이 액체로 바뀌는 현상을 설명하고 예측할 수 있었다. 네덜란드어로 쓴 그의 논문은 초기에는 큰 주목을 받지 못하다가 독일의 물리학자 아일하르트 비데만이 독일어로 번역하여 세계적인 관심을 받게 되었다.[1] 오너스도 이런 판데르발스 방정식의 가치를 믿고 사용하던 과학자 중 한 사람이었다.

판데르발스의 이론과 함께 저온 기술에도 큰 진전이 있었다. 1895년 독일의 과학자 카를 폰 린데가 린데 공정Linde process이라는 방식의 냉동기를 개발했다(같은 해에 영국의 윌리엄 햄프슨도 같은 원리로 냉동기를 개발하여 '햄프슨-린데 공정'이라고도 한다). 린데 공정은 기체의 팽창 과정에서 온도가 낮아지는 효과인 '줄-톰슨 효과'를 사용하는 방법이다. 이 공정에서는 냉매가 필수적이지 않으며, 순수하게 기체 상태의 물질을 활용한다. 액체나 고체만큼은 아니지만 기체에서도 분자들은 서로 상호작용하고 있는데, 판데르발스의 이론에 따라 특정 조건에서는 분자 사이에 인력이 작용한다. 압축

한 기체를 밸브와 같은 좁은 틈을 통해 낮은 압력으로 뿜어내면 기체가 빠르게 팽창한다. 이 과정에서 기체 분자는 상호 간의 인력을 이겨내기 위해서 에너지를 사용하고, 기체의 온도는 내려간다. 이렇게 린데 공정을 사용하면 압력만으로 온도를 내려 기체를 액화시킬 수 있을 것만 같다. 하지만 여기에는 숨겨진 조건이 있었다.

• 핵심 정리 •

1. 판데르발스 방정식에 의하면 임계온도 이하에서 기체에서 액체로의 상태변화를 일으킬 수 있다.
2. 기체의 온도를 내리기 위해 린데 공정(줄-톰슨 효과)을 사용할 수 있다.

세상에서 가장 차가운 라이벌 관계

19세기 말, 절대영도라는 차가운 태양을 향해 날갯짓을 하던 두 과학자가 있었다. 영국 왕립연구소의 제임스 듀어와 네덜란드 레이던대학교의 카메를링 오너스. 바다를 사이에 두고 약 300킬로미터 떨어진 곳에서 일하고 있던 두 과학자는 당시 학계에서 가장 주목받는 과학자였다. 두 사람 모두 세계 최고 수준의 지원을 받으며 연구를 하고 있었는데, 영구기체를 액화시키는 것도 그들의 주요 연구 주제 중 하나였다.

두 라이벌이 경쟁할 당시 영구기체라고 부를 수 있는 기체는 얼마 남아 있지 않았다. 산소와 질소는 이미 액화되어 영구기체 자리에서 내려왔고, 이제 남은 것은 수소와 헬륨뿐이었다. 두 과학자가 먼저 공략한 것은 수소였다. 기체는 가벼울수록 액화가 잘 되지 않는 경향이 있기 때문에, 단순하게 생각하면 분자량이 4인 헬륨이 분자량이 2인 수소보다 더 높은 온도에서 액화되어야 할 것 같다. 하지만 실제로는 반대였다. 헬륨은 '비활성 기체'라 불리는 특별한 종류의 기체에 속한다. 비활성 기체는 주기율표에서 가장 오른쪽 세로줄에 있는 원소들인데, 여기에 소속된 녀석들은 좀처럼 다른 물질과 반응하지 않는다. 심지어 비활성 기체는 자기들끼리도 결합을 만들지 않는다. 그래서 헬륨은 수소(H_2)나 질소(N_2), 산소(O_2)처럼 분자를 이루지 않고 원자 혼자 따로 돌아다니는데, 이런 행동으로 인해 액화되는 온도가 낮아지는 것이다.

저온 공학의 라이벌이었던 듀어와 오너스 중 수소 공략에서 먼저 승기를 잡은 것은 듀어였다. 그는 1899년 줄-톰슨 효과를 활용해서 인류의 역사가 시작된 이래로 계속 기체 상태였던 수소를 처음으로 액체로 만들었다. 수소의 액화 온도는 20K이었다. 주기율표에서 가장 가벼운 기체가 액화된 것이

▲ 헨리 제이멘 브룩스, 〈왕립연구소에서 수소 액화를 시연하는 제임스 듀어〉, 1904.

다. 이 역사적인 발견은 이미 다양한 분야에서 명성을 쌓아가던 듀어에게도 큰 성과였다. 그는 능력이 뛰어나기도 했지만 쇼맨십도 있는 과학자였다. 듀어는 영국 왕립연구소 설립 100주년 기념행사에서 직접 수소 액화를 시연하기도 했다. 이 모습은 그림으로 그려져 아직도 왕립연구소에 걸려 있다.

듀어의 이름을 들어보지 못한 독자라도, 그의 발명품 중 하나는 집에 있거나 사용해보았을 것이다. 바로 뜨거운 차나 시원한 음료를 보관하기 위해서 사용하는 보온병이다. 저온 실험을 할 때는 온도를 낮추는 것도 중요하지만 외부에서 들어오는 열을 차단하는 것도 중요하다. 그러지 않으면 수고스럽게 만든 저온 상태의 액체가 다시 기화해버릴 수 있기 때문이다. 열을 전달하는 데에는 기체의 역할이 크다. 기체 분자가 한쪽에서 다른 쪽으로 열을 실어나르기 때문이다. 이를 막기 위해 듀어는 유리병의 벽에 진공상태를 만들어서 열의 이동을 차단했고, 이 병을 저온 상태의 액체를 보관하는 데 사용했다. 듀어의 진공병은 저온물리학에서는 없어서는 안 될 중요한 발명품으로, 훗날 헬륨 액화에서도 필수적인 역할을 하게 된다. 지금도 액체헬륨이나 액체질소를 담는 통을 실험실에서는 '듀어병'이라고 부른다.

듀어가 수소를 액화시키는 동안 네덜란드 레이던에 위치한 오너스의 실험실에서는 무슨 일이 일어나고 있었을까? 오너스는 당시 두 손 두 발이 모두 묶인 상태였다. 수소 액화에 제대로 뛰어들기도 전에, 폭발물을 가지고 실험한다는 신고가 접수되어 실험을 하지 못하게 되었던 것이다. 선의의 경쟁자였던 듀어가 오너스를 도우려 편지를 보내기도 했지만, 수소를 이용한 실험이 위험한 것은 사실이라 오너스는 관련 행정처리로 인해서 3년간 실험을 할 수 없었다.[2] 그가 다시 실험을 할 수 있게 되었을 때는 이미 듀어가 수소 액화에 성공한 뒤였다.

수소를 액화시킨 인류에게 이제 마지막으로 남은 영구기체는 헬륨이었다. 헬륨의 분자량은 수소의 2배 정도이지만, 실험의 난도는 비교할 수 없을 만큼 높다. 헬륨의 끓는점이 더 낮다는 점을 차치하더라도, 물을 전기분해하기만 해도 쉽게 얻을 수 있는 수소와 달리 헬륨은 구하는 일 자체가 쉽지 않았다. 당시 희소성으로만 보자면, 순도 높은 헬륨은 금보다도 더 귀한 물질이었을 것이다.

헬륨이 속한 비활성 기체들을 '귀족 기체noble gas'라고도 하는데, 다른 물질과는 반응하지 않는 성질이 귀족처럼 고고하다 하여 붙은 이름이다. 이런 성질은 때로 유용하기도 하다. 어떤 고체 물질이 공기 중의 산소, 이산화탄소, 수증기 등과 반응해서 연구하고자 하는 흥미로운 성질을 잃어버린다면 아르곤(Ar)과 같은 비활성 기체를 채운 용기에 넣어 그 성질을 보존할 수 있다. 하지만 비활성 기체의 이런 성질은 기체가 지상에 남는 데에는 도움이 되지 않는다. 어떤 원소가 지표면에 남아 있으려면 지표면을 이루는 물질과 반응해서 붙어 있어야 하기 때문이다. 예를 들면 수소는 산소와 반응하여 물의 형태로 지구에 많이 남아 있다. 그리고 전기분해 등을 통해서 수소를 물에서 분리하는 것도 가능하다. 하지만 비활성 기체는 다른 물질과 반응하지 않기 때문에 지표면에서 찾기가 어렵다. 특히 헬륨은 무척 가벼워 지구 밖으로 날아가버리기 십상이다.

이렇게 구하기가 어려운데 듀어와 오너스가 경쟁하던 당시에 헬륨을 어떻게 얻었을까? 지상에서 얻기 어려우니 지하에

간혀 있는 헬륨을 정제해서 사용하는 수밖에 없었다. 그때는 몇몇 과학자만이 순도 높은 헬륨을 얻을 수 있었고, 너무나도 귀했기 때문에 한번 실험하고 버리는 것이 아니라 계속 다시 사용했다. 헬륨은 어차피 다른 물질과 반응하지 않기 때문에 여러 번 사용해도 계속 순수한 상태를 유지할 수 있었다.

듀어는 영국의 배스라는 온천 지역에서 나오는 가스를 정제해서 헬륨을 얻고 있었다. 오너스도 같은 곳에서 헬륨을 얻고자 듀어에게 연락을 했지만 생산되는 헬륨의 양이 충분하지 않아 듀어는 이를 거절한다. 하지만 이 거절은 오히려 오너스에게 전화위복이 되었다. 오너스는 고위 공무원이었던 동생 온노 오너스의 도움을 받아서 헬륨을 다량 함유한 광물인 모나자이트를 대량으로 얻을 수 있었고, 이 광물에 열을 가해 온천에서 얻을 수 있는 것보다 더 순도 높은 헬륨을 얻었다.[3] 한편 듀어에게는 불행한 일이 일어났다. 실험을 준비하던 중 실험실 조수 하나가 밸브를 잘못 조작하는 바람에 그동안 모아놓았던 헬륨이 모두 공기 중으로 날아가버린 것이다.[4]

헬륨 액화가 어려웠던 두 번째 이유는 고도의 기술력이 필요했기 때문이다. 아인슈타인이나 파인먼처럼 대중적으로 유명한 이론물리학자들 때문인지 흔히들 물리학을 이론적인 학문으로 보는 경향이 있지만, 물리학은 철저하게 실험이 동반되어야 하는 학문이다. 새로운 물리적 현상을 발견하기 위해서는 전에는 도달하지 못했던 더 낮은 온도, 더 높은 자기장, 더 강한 압력 등을 구현할 수 있어야 하는데, 그러기 위해서는 수준 높은 기술력이 필요하다. 이러한 전인미답의 실험 조건을 만들기 위해서 실험물리학은 다양한 신기술을 도입한다. 거대한 입자가속기나 높은 자기장을 만들 수 있는 거대한 자석, 원자를 한 층씩 제어할 수 있는 장비도 모두 이런 맥락에서 개발된 것들이다.

오너스의 모토는 "측정을 통한 앎Door meten tot weten"이었다. 그만큼 그는 실험의 중요성을 강조하던 물리학자였고, 그에게 과학적 지식은 정확한 측정과 실험을 통해서 축적되는 것이었다. 새로운 지식의 지평을 여는 실험을 위해서는 남들이 갖고 있지 않은 기술이 필요했고, 그런 실험이 가능한 최첨단 실험실을 구축하려면 기술자를 키우는 것이 중요했다. 그래서 그의 실험실에는 물리학자뿐 아니라 기술자들도 많았다. 실험실은 푸른색 유니폼을 입고 다녀 '푸른 소년들blauwe jongen'이라고 불리던 숙련공들로 붐볐다. 실험실에 소속된 많은 기술자들은 저온 실험을 하기 위한 여러 장비들을 만들어냈고, 다음 사진에서 볼 수 있는 세계 최고의 저온 실험 시설을 구축했다. 이렇게 과학자와 기술자가 얽혀 거대 시설을 운영하던 오너스의 실험실을 사람들은 '냉기 공장cold factory'이라고 불렀다. 사진을 보면 정말 공장이라는 이름이 어울린다.

▲ 오너스의 저온 실험실.(Leiden University Institute of Physics)

춥고 어두운 저온의 세계를 탐험하는 오너스에게 판데르발
스의 이론은 등불이었고, 린데 공정은 장애물을 잘라내는 대
검이었다. 오너스가 노벨상 수상 연설에서도 언급했듯이, 그
는 판데르발스의 방정식을 따라서 임계온도를 예측했다. 그리
고 이 임계온도에 도달하기 위해 린데 공정을 사용했다. 린데
공정은 얼핏 보면 압력만 중요한 것 같지만, 판데르발스의 이
론에 따르면 온도도 중요했다. 줄-톰슨 효과를 이용한 냉각은
특정 온도 이하일 때에만 가능했고, 헬륨의 경우는 40K 이하
로 온도를 낮춰야 린데 공정을 사용할 수 있었기 때문이다.

냉기 공장의 공장장인 오너스에게 온도를 40K 이하로 낮추는 일은 어렵지 않았다. 숙련공들과 저온에 특화된 장비들은 이런 상황에 완벽히 대응할 수 있었다. 헬륨의 온도를 내리기 위해서는 액체수소와 액체산소를 포함한 다량의 액체공기가 필요했다. 그는 자신이 쌓아온 저온공학의 모든 지식을 액체헬륨을 만드는 데 쏟아부었고, 냉기 공장에서 일하는 과학자와 기술자들은 일사불란하게 움직였다.

이렇게 액체공기를 대량생산하는 시설을 만들 수 있었던 것은 오너스의 혜안 덕분이었다. 듀어가 최초로 수소를 액화시켰을 때 오너스는 액체수소를 소량으로 만드는 것은 더 이상 의미가 없다고 생각했고, 다음 목표를 위해서 냉기 공장의 기술자들과 함께 수소를 대량으로 액화시키는 장치를 만들었던 것이다. 냉기 공장은 이 새로운 기계를 이용해 시간당 4리터의 액체수소를 꾸준히 생산해냈고, 이렇게 대량으로 생산되는 20K의 액체수소를 사용해 헬륨 기체를 냉각시켰다. 헬륨을 액화시키는 데에는 좁은 틈으로 헬륨을 고압에서 저압으로 반복해서 뿜어내는 줄-톰슨 방법을 사용했다.

마침내 1908년 7월 10일, 유리로 된 그의 실험 장비 안에서 마치 칼로 그은 듯 선명한 경계선으로 액체헬륨이 자신의 존재를 증명했다. 오너스는 소주잔 한 잔 정도의 양인 60밀리리터의 액체헬륨을 얻었다. 더 이상 세상에 영구기체가 존재하지 않게 된 순간이었다. 이후 냉기 공장의 히트 상품은 단연 액체헬륨이 되었다. 액체헬륨을 생산하는 그의 기술은 독보적 이어서, 처음 액화에 성공한 이후 15년 동안 전 세계에서 액 체헬륨을 만들 수 있는 곳은 오너스의 실험실뿐이었다. 극저 온의 세계에 발을 디딘 오너스는 이 개척되지 않은 땅을 탐험 하기 시작했다.

수소를 먼저 액화시킨 것은 듀어였지만, 액체헬륨을 먼저 손에 넣은 것은 오너스였다. 오너스가 액체헬륨을 만드는 데 액체수소를 사용했다는 사실을 생각하면 아이러니한 일이다. 이런 일이 일어날 수 있었던 이유 중 하나를 듀어의 실험실 운영 방식에서 찾아볼 수 있다. 기술에 관심이 많고 마치 공장 과 같은 시설을 갖추었던 오너스와는 달리 듀어는 자신의 실 험실을 소규모로 운영했다. 그리고 자신이 직접 실험을 하지 않으면 일이 진행되지 않는다고 생각했다. 이런 생각은 1904년 그가 오너스에게 쓴 편지에도 드러나 있는데, 거기서 그는 "실험 조교들은 낭비Assistants are a waste"라고 말하기도 한다.[5] 듀어의 실험실에서는 안전사고도 많이 일어나서 실험 조교들이 시력을 잃는 경우도 여럿 있었다. 실험 조교장이었 던 로버트 레녹스는 듀어의 많은 발견에 핵심적인 역할을 했 는데, 그도 실험 중에 폭발 사고로 한쪽 눈이 실명되는 사고를 당했다. 레녹스는 오너스가 헬륨 액화에 성공했다는 소식을 듣고는, 듀어가 살아 있는 한 다시는 그의 연구소에 발을 들이지 않겠다며 떠나버렸다고 한다.

• 핵심 정리 •

1. 1908년 오너스는 최초로 헬륨 액화에 성공했다.

2. 헬륨 액화 성공으로 절대영도에 가까운 극저온에서 실험이 가능하게 되었다.

절대영도에서는 전자도 얼어붙을까?

1908년 오너스는 자신의 실험실에서 당시 세계에서 가장 낮은 온도 4.2K을 구현했고, 이 기술은 15년간 누구도 넘보지 못했다. 지금까지 얼마나 많은 물리학적 발견이 저온에서 일어났는지를 생각해보면, 이것은 마치 보물 창고의 열쇠를 15년간 오너스 한 사람만 가지고 있던 것과 같다. 초전도체 외에도 다양한 자기적 현상이나 양자 임계 현상, 그리고 초유체 현상이 저온에서 확인되었기 때문에, 이런 극저온 구현은 1900년 막스 플랑크의 양자가설로 시작되어 천천히 발전하고 있던 양자역학에도 큰 영향을 미쳤다.

저온에서 할 수 있는 수많은 실험 중 하나는 절대영도에 가까운 온도에서 금속의 저항을 측정하는 것이었다. 금속의 온도를 낮출수록 저항이 작아진다는 것은 당시에도 이미 잘 알려져 있었다. 특히 금이나 백금처럼 반응성이 낮은 금속을 정제해서, 순도가 높은 금속의 저항을 측정하는 실험이 많았다. 몇몇 과학자는 순도 높은 금속이 저온에서는 0에 가까운 저항을 보이는 것을 확인하기도 했다. 하지만 실제로 절대영도에서 저항이 어떻게 되는지는 그 누구도 알지 못했다.

일부 과학자는 절대영도에서 순도 100퍼센트의 금속은 전기저항이 0일 것이라고 예상했다. 중간에 의견이 바뀌기는 하지만 듀어도 논문을 통해 절대영도에서는 저항이 0이 될 것이라 예측했다. 하지만 켈빈 경과 같은 과학자들은 절대영도에서는 전자도 얼어붙어서 전기가 흐르지 않아 전기저항이 무한대로 올라갈 것이라 생각했다. 실제로 비스무트(Bi)와 같은 금속은 저온에서 저항이 살짝 증가하기도 했기 때문에 이런 주장도 설득력이 있었다.

아무리 여러 가지 이론으로 예측을 한다고 해도, 그것을 확인하는 유일한 방법은 절대영도에 도달하여 실험적으로 측정하는 것이다. 오너스의 모토처럼 이런 유의 지식은 측정을 통해서만 확립될 수 있다. 절대영도의 세계로 가는 열쇠를 얻은 오너스에게 이제 극저온에서 전기저항을 확인할 수 있는 기회의 문이 활짝 열렸다. 두 가지 가능성이 있었다. 0에 가까운 값으로 수렴하거나 무한대로 발산해버리는 것. 오너스는 우선 원래부터 저항이 낮아서 전기를 잘 흘리는 금속으로 실험을 시작했다. 순도가 높은 금과 백금을 가지고 액체헬륨 온도에서 실험해보니 켈빈 경의 주장은 틀린 것이 확실했다. 저항 값이 무한대로 발산하는 대신에 아주 작은 값으로 수렴하고 있었기 때문이다. 물질의 순도를 더 높일 수 있다면 저항을 0으로 만드는 것도 어렵지 않아 보였다.

오너스는 여기에서 중요한 선택을 한다. 백금과 금의 순도를 더 높여서 저항을 측정하는 대신에 수은을 가지고 실험해보기로 한 것이다. 수은은 영화 〈터미네이터 2〉의 악당 로봇 T-1000을 연상시키는 액체 금속인데, 표면장력이 크기 때문에 바닥에 두면 구형으로 뭉쳐서 굴러다닐 수 있다. 금과 같은 금속은 원하는 모양으로 깎거나 구부릴 수 있지만, 수은은 이렇듯 액체이기 때문에 이런 실험에 사용하기가 상당히 어렵다. 그럼에도 불구하고 오너스가 금과 백금에서 수은으로 옮겨간 가장 큰 이유는 녹는점이 높은 다른 금속에 비해 정제하기가 쉬워 순도 높은 시료를 얻을 수 있었기 때문이다. 상온에서 액체 상태로 존재할 정도로 다른 금속에 비해 녹는점과 끓는점이 매우 낮은 수은은, 섞여 있는 다른 금속이 고체로 남아 있는 온도에서도 액화 또는 기화까지 되기 때문에 다른 물질에서 쉽게 분리해낼 수 있다. 그는 실험실에서 정제 과정을 거쳐 아주 높은 순도의 수은을 준비했고, 기술자들은 가는 관 속에 수은을 빈틈없이 채워넣고 수은의 어는점 230K 아래로 냉각시켜 수은 전선을 만들었다. 물론 이 관을 빈틈없이 채우고, 낮은 온도에서도 끊어지지 않도록 유지하는 것은 쉽지 않은 일이었다. 그리고 이 실험에서 가장 중요한 준비물인 냉기 공장의 특산물, 액체헬륨도 필요했다. 이제 절대영도에서 정말 저항이 0에 가까운 값으로 떨어지는지만 확인하면 되었다. 아마도 오너스는 저항이 부드럽게 떨어지며 0에 가까운 값으로 수렴하리라 예상했을 것이다.

자연은 우리가 자연을 완전히 이해했다는 희망을 주었다가, 어림없다는 듯 불가해한 현상을 보여준다. 당시에는 저항 실험을 할 때, 일단 도달할 수 있는 가장 낮은 온도까지 내린 후에 조금씩 온도를 올리며 저항을 측정했다. 1911년 도달할 수 있는 가장 낮은 온도에 도달했을 때 수은의 저항 값은 당시 측정할 수 있는 범위보다 훨씬 작게 나타났다. 다시 말해 저항이 측정할 수 없을 정도로 작았다. 그의 예상처럼 저항이 정말 0이 되었던 것이다. 그는 연구 노트에 "수은(의 저항은) 사실상 제로Kwik nagenoeg nul"라고 적었다. 이제 온도를 조금씩 올리면서 저항 값이 증가하는 것을 보기만 하면 되었다. 예상했던 완만한 곡선을 그리며 말이다. 그런데 저항 값은 증가하지 않고 계속 0을 보이다가 갑자기 특정 온도에서 튀어올랐다.

저항을 그려보니 다음 그림과 같은 모습이었다. 실험이 잘못되지 않는 한 이런 모양의 그래프는 나올 수 없다고 생각하고 수차례 다시 확인을 해보아도 저항 곡선은 온도가 내려가면서 특정 온도가 되자 갑작스럽게 떨어졌다. 예상대로 완만한 곡선은 아니었지만, 이것이 진짜 자연의 모습이었다.

자연 현상의 변화가 항상 부드러운 곡선을 따르리라 생각하면 큰 오산이다. 물의 상태변화를 예로 들어보자. 물은 섭씨 0도와 100도 사이에서는 액체로 존재하는데, 이 사이에서 온도에 따른 물의 밀도 그래프는 부드러운 곡선을 그리며 변한

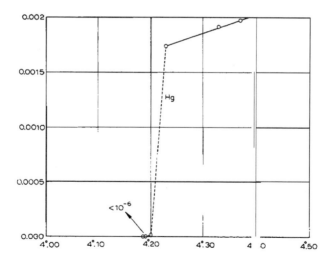

▲ 초전도 현상을 보이는 수은의 저항 그래프.(오너스의 노벨 강연 자료)

다. 하지만 0도와 100도에서는 갑작스러운 상태변화를 일으킨다. 일반적인 전도체인 수은이 저온에서 초전도체로 변하는 것도 이런 상태변화의 하나로 볼 수 있다. 그리고 이 변화는 그래프에서 볼 수 있듯이 갑자기 일어난다. 이렇게 끓는점, 어는점, 그리고 초전도체로 변하는 온도와 같이 물질의 상태변화가 일어나는 온도를 '전이온도transition temperature'라고 한다. 그림에 나타난 것처럼, 오너스가 측정한 수은의 전이온도는 약 4.2K이었다.

수은에서 초전도 현상이 발견된 후 오너스의 연구팀은 다른 물질에서도 초전도 현상이 일어나는지 탐색하기 시작했다. 수은이 유일한 물질일 리 없었다. 첫 발견 이후 15년 동안 액체 헬륨을 사용하여 실험할 수 있는 곳은 레이던대학교에 있는 오너스의 실험실이 유일했기에, 초전도 현상을 보이는 물질을 찾을 수 있는 곳도 그곳뿐이었다. 이어진 실험을 통해 그는 여러 금속 원소와 합금에서도 초전도 현상이 일어나는 것을 발견했으며, 그중에는 우리 주변에서 흔하게 볼 수 있는 납과 주석도 있었다. 이후 저온 기술이 발전하여 현재는 주기율표에 있는 다수의 금속 원소들을 충분히 낮은 온도로 냉각시키면 초전도체가 된다는 것이 알려져 있다.

음료 용기로 많이 사용되는 알루미늄이나, 자전거 프레임 같은 곳에 사용되는 티타늄도 전이온도 이하로 냉각하면 초

원소	전이온도(K)
수은(Hg)	4.15
납(Pb)	7.2
주석(Sn)	3.7
알루미늄(Al)	1.18
티타늄/타이타늄(Ti)	0.5
니오븀/나이오븀(Nb)	9.25
카드뮴(Cd)	0.5

▲ 초전도체가 되는 몇 가지 금속과 그 전이온도.

전도체로 변한다. 단일 원소로 만들어진 금속 중에서 가장 높은 온도에서 초전도 현상을 보이는 것은 니오븀(Nb, 나이오븀)이다. 이 원소는 10K 가까운 온도에서 초전도 현상을 보이며, 티타늄 같은 원소와 합금을 만들어 초전도 자석의 재료로 사용하기도 한다. 훗날 고온 초전도체가 발견되기 전까지는 니오븀을 기반으로 만든 합금이 가장 높은 온도(23K)에서 초전도 현상을 보이는 물질이었다.

• 핵심 정리 •

1. 1911년 오너스는 저온에서 저항이 0이 되는 초전도체를 발견했다.

오너스가 이루지 못한 꿈들

오너스는 액체헬륨 생성을 비롯한 저온물리학에 큰 기여를
한 공로를 인정받아 1913년 노벨 물리학상을 받았다. 하지만
그의 연구 열정은 전혀 식지 않아서 바로 다음해인 1914년,
초전도체의 저항을 확인하기 위한 요상한 실험을 시작했다.
수은, 납, 주석 등 오너스가 발견한 초전도체는 분명히 그가
가진 실험 장비로는 측정할 수 없을 만큼 작은 값의 저항을
보였다. 하지만 그것이 정말로 0을 의미할까? 그저 당시 측정
장비의 한계보다 작은 저항일 수도 있지 않을까? 그는 이것을
엄밀하게 밝히고 싶었다.

실험 장비의 한계에 관해서 우리 주변에서 찾을 수 있는 쉬
운 예를 들어보자. 사람은 나이가 들면서 가청 주파수가 점점
낮아져 작은 소리를 들을 수 없게 된다. 그런데 작은 소리를
들을 수 없다고 해서 그 소리가 존재하지 않는 것은 아니다.
그저 들을 수 없을 뿐이다. 또 다른 예로 우리 눈을 들 수도 있
다. 인간의 눈은 상당히 성능 좋은 측정 장비이다. 많은 색을
구분해낼 수 있고 다양한 물체의 크기를 인식할 수 있다. 하지
만 우리의 눈도 분해능에 한계가 있다. 세상에는 엄청나게 많
은 미생물이 존재하지만 대부분 너무 작아서 우리 눈으로는
볼 수 없다. 안 들리던 작은 소리도 보청기를 사용하면 들을

수 있듯, 분해능이 눈보다 더 뛰어난 현미경을 동원하면 맨눈으로는 볼 수 없던 것들도 볼 수 있다. 초전도체에서의 저항도 마찬가지로, 그저 측정 장비의 한계인지 실제로 저항이 존재하지 않는 것인지 확인하기 위해서는 다른 종류의 실험이 필요했다.

오너스는 저항으로 인해서 손실되는 전력을 활용하여 아주 작은 저항을 측정할 방법을 고안해냈다. 잘 알려져 있듯 전기저항은 전력을 열 형태로 잃게 만든다. 전력을 돈으로 바꿔서 생각해보면 쉽게 이해할 수 있다. 처음에 공급해주는 전력을 지갑에 들어 있는 돈이라고 하고, 전류가 전기저항이 있는 물질을 지나게 되면 저항에 비례하는 통행료를 지불해야 한다고 해보자. 돈이 다 떨어지면 전류는 더 이상 흐를 수 없다. 고리 형태의 전선에 전류가 흐르는데 지갑에는 100만 원이 있는 상황이다. 저항이 커서 50만 원의 통행료를 내야 한다면, 전류는 두 바퀴만 돌고 금방 멈춰버릴 것이다. 하지만 저항이 이보다 작아서 통행료가 10만 원이라면 열 바퀴를, 저항이 아주 작아 통행료가 1원이라면 100만 바퀴를 돌 수 있을 것이다. 그리고 저항이 0이라면 전류는 영원히 흐를 것이다.

오너스는 전자들이 달릴 초전도체 고리를 만들어 전류를 흘렸다. 전류의 세기는 특이하게도 나침반을 활용해서 측정했다. 나침반은 일반적으로 자기장의 방향을 측정하는 장치가 아니냐고 반문할 수 있다. 맞는 말이다. 그는 바로 나침반이 움직이는 정도를 이용해 자기장의 세기를 측정했다. 고리를 따라 흐르는 전류는 자기장을 만들어내기 때문에 그 자기장의 세기를 측정하면 간접적으로 고리에 흐르는 전류의 세기를 측정할 수 있다. 전류의 세기를 직접 측정하지 않았던 이유는 전류의 세기를 측정하는 장비 자체의 전기저항으로 인해서 의도하지 않은 전력 손실이 생길 수 있었기 때문이다. 오너스는 무려 한 시간 동안 자기장의 세기를 측정했는데, 전류는 그동안 전혀 바뀌지 않았다. 정말로 저항이 0이었던 것이다(참고로 이론적으로는 초전도체의 저항 값이 0보다 조금 클 수 있다. 하지만 이 값은 너무나도 작아서 고리에서 전류가 사라지려면 우주의 나이보다 긴 시간을 기다려야 한다).

이 결과는 정말 충격적이어서 물리학자들은 전자가 둥그런 초전도 고리를 아무 저항 없이 미끄러지듯이 영원히 돌고 있는 아름다운 모습을 상상했다. 양자역학의 발전에 큰 기여를 한 물리학자 파울 에렌페스트는 어느 날 오너스의 초대로 실험실에 방문하여 이 실험 광경을 목격하고는 친구인 물리학자 헨드릭 로런츠에게 보내는 편지에 이런 말을 남기기도 했다. "실험실에서 아주 신기한 실험을 목격했네. 이 영구 전류라는 것이 나침반을 움직이는 것을 보니 기분이 아주 이상하네. 전자가 사실상 마찰 없이 전선을 따라 돌고 있는 것이 마치 눈앞에 보이는 것 같았어."[6]

오너스는 이렇게 아름다운 영구 전류 실험을 사람들 앞에서 시연하고 싶어했지만, 그것은 어려운 일이었다. 실험이 극저온에서 이루어져야 했는데, 당시에는 그의 실험실이 아닌 다른 곳으로 액체헬륨을 옮기는 것조차 거의 불가능했기 때문이다. 생전에 이루지 못한 오너스의 꿈을 1932년 그의 실험실 동료 헤릿 플림이 대신 이루었다. 헤릿 플림은 영국 왕립연구소에서 이 실험을 시연했는데, 공교롭게도 그곳은 듀어가 수소 액화 시연을 했던 바로 그 장소였다.

이렇게 초전도체에서 저항 없이 흐르는 전류를 '초전도 전류supercurrent' 또는 '초전류'라고 한다. 초전류를 활용해 만들 수 있는 것 중에 전자석이 있는데, 초전도 현상을 발견하고 얼마 후 오너스도 초전도체를 활용하면 세상에서 가장 강한 전자석을 만들 수 있을 것이라고 예견하기도 했다. 전자석은 용수철 모양으로 감은 전선에 전기를 흘리면 전류가 흐르는 동안 자기장이 형성되는 자석으로, 전자석의 세기는 흘려주는 전류의 양에 비례한다. 금속으로 전자석을 만들어 강한 전류를 흘리면 전기저항 때문에 금속이 변형될 정도의 발열이 생긴다. 하지만 초전도체로 만든 전자석이라면 무한대로 전류를 흘려주어 원하는 크기의 자기장을 얻을 수도 있지 않을까?

그러나 초전도체는 무적이 아니었다. 초전도체에는 온도가 올라가면 일반적인 전도체로 바뀐다는 큰 약점이 있었다. 하지만 이를 뒤집어 말하면, 초전도체를 저온으로 잘 유지할 방법만 찾는다면 강력한 전자석을 만드는 것도 가능하다는 의미였다. 그런데 사실 초전도체의 약점은 그뿐이 아니었다. 오너스가 여러 실험을 해보니 초전도체는 전류나 자기장의 크기가 일정 정도 이상이면 마치 온도가 올라갔을 때처럼 초전도 성질을 잃었다. 그 각각의 값을 임계전류, 임계자기장이라고 하는데, 당시 발견된 초전도체로 실험을 해보니 전자석을 만들기에는 턱없이 작은 값의 전류와 자기장에서도 초전도 성질이 죽어버렸다. 이래서는 초전도체를 활용해 강력한 전자석을 만들수 있다는 오너스의 바람은 실현될 수 없었다. 그런 전자석을 만들기 위해서는 큰 전류를 흘릴 수 있어야 하고, 큰 자기장에도 초전도 성질을 유지해야 하는데, 실험 결과 이는 불가능해 보였다. 오너스의 입장에서는 매우 실망스러운 결과였다.

하지만 훗날 새로운 유형의 초전도체가 발견되면서 이 문제는 해결된다. 오너스가 당시 연구에 사용하던 물질들은 오늘날 '1종 초전도체'에 속한다. 1종 초전도체는 이렇게 아주 작은 자기장에도 쉽게 초전도성을 잃지만, 다음 장에서 소개할 '2종 초전도체'에 속한 물질들은 높은 자기장과 전류를 버틸 수 있다. 이런 새로운 물질들이 발견된 덕분에 현재 많은 곳에서 오너스가 상상했던 초전도 전자석이 사용되고 있다.

• 핵심 정리 •

1. 1914년 오너스는 영구 전류를 발견했다.

2. 초전도체의 약점은 온도, 전류, 자기장이다.

2

초전도체의
양자역학적
특징

SUPERCONDUCTOR

○

초전도체 = 완벽한 전도체?

초전도체의 특성 중 가장 먼저 발견되고, 가장 유명한 것은 전기저항이 0이라는 사실일 것이다. 물론 초전도체라는 이름이 붙은 것도 비현실적으로 뛰어난 전기 전도성 때문이다. 이런 특성이 매력적이라 그랬는지 초전도체가 발견된 지 20년이 지나 1930년대에 접어들었을 때에도 초전도체에 관한 연구는 초전도 현상을 보이는 금속을 더 찾는 것에서 앞으로 나아가지 못하고 있었다. 초전도체는 그저 전기를 굉장히 잘 흘리는 '완벽한' 전도체로 여겨졌고, 더 근본적인 성질이나 원리를 밝히는 문제에서 큰 진전은 없었다.

저항이 0이라고 해도, 당시 물리학자들은 초전도체를 그저 전기가 아주 잘 흐르는 전도체로 생각했기 때문에, 당시에 잘 알려진 맥스웰 방정식으로 전기 및 자기적 성질을 쉽게 설명할 수 있을 것이라고 생각했다. 맥스웰 방정식은 전자기학을 대표하는 방정식이고 전자기학은 고전역학에 속하므로, 초전도체가 단순히 완벽한 전도체라면 고전역학으로 이 물질의 자성을 모두 설명할 수 있어야 했다. 물론 그것이 정말 가능했다면, 초전도체는 생각보다 지루한 물질이었을 것이다.

초전도체의 특이한 자기적 성질에 대해서 논하기 전에, 일반적인 물질이 가질 수 있는 몇 가지 자기적 성질을 살펴보자. 물질의 자기적 성질은 사실 알고 보면 고전역학으로는 절대 설명할 수 없는 순수한 양자역학적 성질이다. 따라서 이를 설명하기 위해서는 물질을 이루고 있는 원자의 행동을 살펴봐야 한다.

자성을 띠는 물질에서 원자는 원자 내 전자가 지닌 양자역학적 성질인 '스핀'이라는 값 때문에 마치 자석으로 만든 바늘이 달린 작은 나침반처럼 행동한다. 지구의 자기장 방향을 이용해 동서남북 사방위를 알려주는 나침반의 빨간색 바늘은 자석의 N극에 해당하고, 이 바늘이 가리키는 방향이 북쪽이다. 그런데 자석은 서로 다른 극끼리 끌어당기기 때문에 나침반 바늘이 향하는 지구의 북쪽은 사실 N(north)극이 아니라 S(south)극의 성질을 띤다. 이렇게 나침반은 외부 자기장의 방향에 따라서 정렬된다. 물질의 자기적 성질도 이와 비슷하게 외부의 자기장에 대해서 물질을 이루는 작은 원자 나침반들이 어떻게 반응하는지에 따라서 분류한다.

물질의 기본적인 자기적 성질 중 첫 번째로 상자성常磁性을 들 수 있다. 상자성을 갖는 물체 안에서 원자 나침반은 외부 자기장이 없을 때는 무작위한 방향을 가리키고 있다. 이때 외부에서 자기장을 걸어주면 원자 나침반들은 외부 자기장과 같은 방향으로 쉽게 정렬된다. 그리고 외부 자기장이 사라지면 다시 원래의 무작위한 방향을 가리키는 상태로 돌아간다. 동전 모양의 자석을 상자성체에 가까이 가져가는 상황을 생각해보자. 상자성체 내부의 원자 나침반들은 밖에서 걸어준 자기장과 동일한 방향으로 정렬된다. 겉으로 보면 이 상자성체는 마치 밖에 있는 자석과 같은 극성을 갖는 자석처럼 보인다. 막대자석 여러 개가 같은 방향으로 정렬되어 있으면 꼬리에 꼬리를 물고 계속 이어 붙일 수 있는 것처럼, 상자성체도 외부의 자석에 끌린다. 하지만 상자성체 내에 있는 원자 나침반들을 전부 정렬하기 위해서는 큰 자기장이 필요하고, 원자 나침반들 자체의 세기도 약하기 때문에 상자성체가 자석에 붙는 모습을 보기 위해서는 강한 자석이 필요하다. 우리 주변에서 쉽게 볼 수 있는 상자성체로는 음료 캔으로 쓰이는 알루미늄이 있다.

두 번째는 강자성强磁性이다. 강자성체의 대표적인 예로는 코발트(Co), 철(Fe), 니켈(Ni)과 같은 원소를 포함하는 합금이 있으며, 우리 주변에서 쉽게 볼 수 있는 자석이 바로 강자성 물질에 속한다. 강자성체가 상자성체와 다르게 특별한 점은 강자성체 안에서는 원자 나침반들이 서로 연결되어 있어서 모두 같이 움직이려고 한다는 사실이다. 이 때문에 강자성체 안에 있는 원자 나침반들을 움직이려면 더 큰 자기장이 필요하다. 하나를 움직이는 것이 아니라 모든 원자 나침반을 동시에 움직여야 하기 때문이다. 비유하자면 모래는 바람에 쉽게 날리지만, 모래가 뭉치고 굳어져 만들어진 사암은 모래알들이 서로 꽉 붙잡고 있기 때문에 쉽게 움직이지 못하는 것과 비슷하다. 강자성체 역시 외부에서 자기장을 걸어주면 외부 자기장과 같은 방향으로 원자 나침반들이 정렬되지만, 상자성체와는 달리 외부 자기장을 없애도 원래의 상태로 돌아가지 않는다. 한 방향으로 정렬된 원자 나침반들이 서로 손을 잡고 정렬된 상태를 유지하고 있기 때문이다. 그렇기 때문에 강자성체에서 이미 정렬된 원자 나침반의 방향을 돌리려면 아주 큰 자기장이 필요하다. 강자성을 갖는 물질은 두 개의 극을 가진 자석이 되어 주변에 자기장을 만들어낸다. 두 개의 극이 고정되어 있기 때문에 방향에 따라서 자석에 붙기도 하고 자석을 밀어내기도 한다.

마지막으로 반자성反磁性 현상이 있다. 반자성 현상은 자성을 띠지 않는 모든 물질에서 흔하게 일어난다. 반자성 물질을 이루는 원자를 보면 상자성이나 강자성을 띠는 물질과 다르게 원자 나침반이 고장나 있다. 말하자면 나침반에서 방향을 가리키는 바늘이 빠져 있는 상태이다. 그래서 자석을 대어도 아무런 반응이 없다. 하지만 자석의 세기를 점점 더 강하게 하면 반자성 물질도 자기장에 반응하기 시작한다. 원자 나침반의 바늘은 처음에는 없다고 할 만큼 작다가, 외부 자기장의 세기가 커지면서 외부 자기장과 반대 방향을 가리키는 작은 바늘이 나타나기 시작한다. 반자성체는 이렇게 강한 자기장을 가해주면 상자성체와는 반대 방향을 가리키는 자석처럼 행동한다. 따라서 반자성체는 강한 자석을 가져다 대면 밀어내는 성질이 있다.

이 성질을 아주 잘 이용하면 물질을 공중 부양시킬 수 있다. 여기에서 중요한 말은 '아주 잘'이다. 단순히 자석과 반자성체로는 공중 부양을 시킬 수 없다. 그저 서로 밀어내기만 한다면 튕겨나가버려 공중에 뜰 수 없기 때문이다. 자석 두 개를 가지고 시간을 보내본 사람이라면 다른 도구 없이 한 자석 위에 다른 자석을 띄우는 것이 거의 불가능하다는 사실을 잘 알 것이다. 반자성 현상을 이용해서 물질을 띄우기 위해서는 우선 매우 강한 자석이 필요하며, 이 자석을 특별한 형태로 배열해야 한다. 이 설계를 잘 하기만 하면, 많은 종류의 반자성 물질을 띄울 수 있다. 물방울도, 유리도, 심지어는 사람도 반자성체이다.

반자성체 관련 실험 중에서 아마도 가장 유명한 것은 러시아 출신의 물리학자 안드레 가임의 실험일 것이다. 그는 강한 자기장을 이용해 작은 개구리를 띄우는 실험을 했다. 2000년에 이 재치 있는 실험으로 이그노벨상을 받은 가임은 10년 후인 2010년에 그래핀 발견으로 콘스탄틴 노보셀로프와 함께 노벨 물리학상을 받았는데, 아무래도 가임은 반자성체와 인연이 있는 것 같다. 그래핀도 반자성체이며, 그래핀의 모체도 세상에 존재하는 물질 중에서 가장 강한 반자성을 보이는 물질인 흑연이기 때문이다.

그렇다면 초전도체는 이 중에 어떤 자성을 갖는 물질일까? 고전역학에 속하는 맥스웰 방정식이 예측하는 완벽한 전도체의 성질은 '내부에 있는 자기장을 그대로 유지하려는 경향'이다. 즉 앞에서 언급한 특정 자기적 성질을 띠는 것이 아니라, 내부에 있는 자기장을 유지하기 위해 상황에 따라 다른 성질을 띤다. 전도체는 원래 자기장 변화를 싫어한다는 사실과 관련하여 전자기 유도 현상을 설명하는 '렌츠의 법칙'을 생각해볼 수 있다. 전선을 촘촘히 감아서 용수철 모양으로 만든 솔레노이드에 자석을 가까이 가져가면 전류가 흐르는데, 이 전류

는 내부 자기장의 변화를 상쇄하는 방향으로 흐른다는 법칙
이다. 전도체의 원래 성격이 그러니 '완벽한' 전도체는 자기장
의 변화를 상쇄하려는 경향이 극대화되어, 아예 물질 내에서
자기장이 변하지 못하게 만드는 것이다. 그럼 완벽한 전도체
가 상황에 따라 자기장에 어떻게 반응하는지 살펴보자.

먼저 어떤 물질이 전이온도 이하에서 완벽한 전도체로 변하
는 상황을 생각해보자. 커다란 자석과 완벽한 전도체, 그리고
외부 자기장이 있을 때 다음과 같은 두 가지 상황을 생각해볼
수 있다.

(1) 전이온도보다 높은 온도에서 큰 자석 위에 물질을 올려
놓고 온도를 전이온도 이하로 낮추는 상황. 이런 상황에서는
전이온도 이하로 냉각되어 완벽한 전도체가 된다고 해도 아
무런 일도 일어나지 않는다. 원래 자석으로 인한 자기장이 물
질 내에 있었으니 온도가 내려가도 이 상태를 그대로 유지하
려고 하기 때문이다. 그런데 이 상황에서 완벽한 전도체를 위
로 들어 자석의 자기장에서 멀어지게 하려고 하면 어떻게 될
까? 완벽한 전도체는 내부의 자기장이 변하는 것을 원하지 않
기 때문에 원래의 자기장과 같은 방향의 자기장을 만들어내
려고 할 것이다. 이런 상황은 자석의 서로 다른 극이 마주보고
있는 상황과 같아서, 완벽한 전도체가 자석에 끌려가는 인력
이 작용한다.

(2) 자석이 없는 상태에서 물질을 냉각시켜 전이온도 이하로 온도를 낮춘 후에 자석 위로 가져다 두는 상황. 물질이 완벽한 전도체가 되었을 때 주변에 자석이 없었으니 내부의 자기장은 0이다. 따라서 완벽한 전도체는 이 상태를 유지하려 한다. 이 상태에서 자석이 가까이 다가오면, 완벽한 전도체는 원래 자기장이 없던 상태를 유지하기 위해서 자석과 반대 방향의 자기장을 만들어야 한다. 이것은 자석이 서로 같은 극을 마주하는 상황과 같아서 서로 밀어내는 척력이 작용한다.

정리하자면 이렇다. 초전도체가 단순히 고전역학으로 설명되는 '완벽한 전도체'라면 자석 위에 초전도체가 되는 물질을 올려놓고 냉각하는 것으로는(상황 1) 그 물질을 띄울 수 없다. 인력이 작용하기 때문이다. 오로지 자석이 없는 상태에서 물질을 냉각시키고 그 이후에 자석 위에 올려놓아야만(상황 2) 척력을 가질 수 있다. 하지만 우리가 여러 매체에서 볼 수 있는 초전도체의 공중 부양 실험 영상은 상온에서 자석 위에 물질을 두고 액체질소를 부어 물질을 초전도 상태로 만드는 (1)과 같은 상황이다. 다시 말해 초전도체가 단순히 완벽한 전도체라는 당시 물리학자들의 가정은 틀린 것이다. 하지만 1930년대에는 아직 액체질소로 실험할 수 있는 고온 초전도체가 존재하지 않아서 이런 공중 부양 실험도 할 수가 없었으니, 당시 물리학자들이 초전도체를 완벽한 전도체로 알고 있었던 것도 무리는 아니다. 얼마 후 마이스너 효과가 발견되면서 이 잘못된 상식은 깨지게 된다.

• 핵심 정리 •

1. 완벽한 전도체는 내부 자기장의 변화를 극도로 싫어한다.

마이스너 효과만으로는 공중 부양을 시킬 수 없다

이 책의 서두에 언급한 초전도체의 세 가지 성질 중 가장 근본적인 것을 뽑으라고 하면 많은 물리학자가 마이스너 효과를 꼽는다. 마이스너 효과는 보통 공중 부양하는 초전도체의 모습으로 알려져 있다. 액체질소로 냉각한 초전도체 조각이 자석 위에 둥둥 떠 있는 모습은 초전도 현상의 가장 상징적인 모습이라고 볼 수 있다. 혹은 반대로 자석이 초전도체 위에 떠 있는 모습을 보여주기도 한다. 하지만 마이스너 효과만으로는 초전도체가 보여주는 공중 부양을 설명할 수 없다. 게다가 마이스너 효과의 정확한 정의도 공중 부양과는 거리가 멀다. 우선 마이스너 효과가 발견된 배경을 살펴보자.

1913년 오너스에게 노벨상이 수여되었을 때, 이미 세계의 많은 물리학자는 초전도를 비롯해 저온에서 일어나는 현상에 관심을 쏟고 있었다. 저온에서 일어나는 현상을 연구하기 위해서는 액체수소와 액체헬륨을 만드는 것이 필수적이었는데, 독일 제국도 이 시기에 헬륨 액화에 뛰어든 국가 중 하나였다. 당시 베를린에 위치한 제국물리기술연구소(현재의 연방물리기술연구소)에서 액체수소를 만드는 시설의 수장으로 임명된 사람이 바로 물리학자 발터 마이스너였다. 마이스너는 아마도 새로운 연구에 대한 기대로 들떠 있었을 것이다. 하지만 그 다음해부터 국제 정세는 순수과학에만 집중하기 어려운 상황으로 접어든다. 1914년 사라예보에서 오스트리아-헝가리 제국의 왕위 후계자 프란츠 페르디난트 대공이 암살되었고, 이를 계기로 제1차 세계대전이 발발했기 때문이다. 독일 제국은 이 전쟁의 중심에 있었다.

비극적인 전쟁이 끝나갈 무렵인 1918년부터 마이스너는 다시 실험실을 구축하기 시작했다. 패전국 독일의 상황이 좋을 수가 없었다. 당장 실험을 하기에는 자원도, 기술도 모두 부족했지만 마이스너는 수년 동안 애쓴 끝에 1925년 마침내 헬륨을 액화시키는 데 성공한다. 오너스보다 17년이나 늦었지만, 1923년 헬륨 액화에 성공한 토론토대학교의 존 맥레넌에 이어서 세계에서 세 번째로 성공한 쾌거였다.

조금 늦게 도착했지만 극저온의 세계는 여전히 많은 보물이 숨어 있는 미지의 세계였다. 처음 헬륨이 액화된 지 100년도 더 지난 오늘날에도 저온에서 계속해서 흥미로운 발견이 이루어지고 있을 정도이니, 당시에는 발견될 것이 더 많았다. 마이스너가 헬륨 액화에 성공해 저온물리학계에 데뷔했을 때, 초전도 현상을 보이는 금속은 아직 수은, 납, 주석, 탈륨(Tl), 인듐(In) 이렇게 다섯 가지밖에 없었다. 이 짧은 초전도체 목록에 마이스너는 1928년 탄탈럼(Ta)을 비롯해 여러 원소들과 합금을 추가하기 시작했다.

1933년 당시 물리학자들은 여전히 초전도체는 그저 완벽한 전도체일 뿐이라고 믿고 있었다. 그 믿음을 입증할 만한 정확한 실험 결과가 없었는데도, 초전도체는 당연히 맥스웰 방정식을 따라서 완벽한 전도체가 보이는 자기적 성질을 보여야 한다고 여겨졌다. 한편 마이스너가 활동하던 베를린에는 초전도 현상에 관심을 가진 또 한 명의 유명한 물리학자가 있었다. 베를린대학교의 이론물리학자 막스 폰 라우에였다. 막스 플랑크의 조교로 활동하기도 한 라우에는 양자역학과 상대성이론 등 많은 이론적 연구에 기여한 물리학자이다. 그의 업적 중 가장 잘 알려진 것은 1914년 그에게 노벨 물리학상을 안겨준 엑스선에 관한 연구로, 결정구조에서 일어나는 엑스선 회절 현상을 발견해 물질 연구의 새로운 장을 열었다.

당시에 그는 초전도체의 자기적 성질, 그중에서도 특히 자기장 안에서 초전도 성질이 사라지는 현상에 관심이 많았다.

그는 다양한 모양의 초전도 시료가 각기 다른 값의 자기장에서 초전도 성질을 잃기 시작하는 것을 이론적으로 설명하는 연구를 했는데, 이를 검증하기 위해서는 실험 결과가 필요했다. 또한 초전도체 주변의 정확한 자기장 분포를 알아야 이론의 정합성을 높일 수 있었다. 이론물리학자였던 라우에는 마이스너에게 초전도체 주변 자기장의 분포를 측정해보라고 권했고, 그의 실험실에 연구원을 고용할 수 있도록 재정적 지원을 해주기도 했다.

하지만 그 실험은 현재의 기술로 설계한다고 해도 쉽지 않은 수준이었다. 위치에 따른 자기장의 분포를 극저온 환경에서 측정하는 것은 지금도 많은 대학에서 연구 주제로 삼고 있는 분야이다. 이 실험을 위해 마이스너는 우선 물질에 자기장을 걸어준 뒤 온도를 낮췄다. 앞 꼭지에서 이야기한 상황 (1)처럼, 초전도체가 그저 완벽한 전도체라면 이런 조건에서는 아무 일도 일어나지 않아야 했다. 전이온도보다 높은 온도에서 자기장이 걸려 있었고, 초전도 상태에 들어가도 이 자기장이 그대로 유지되어야 하기 때문이다. 하지만 마이스너와 그의 동료 로베르트 옥센펠트의 측정 결과는 전혀 달랐다. 전이온도 이하에서 초전도체 주변의 자기장이 크게 왜곡되어 있었던 것이다. 결과를 종합해보니 물질 내부의 자기장이 모두 바깥으로 밀려나간 것처럼 보였다. 실험을 반복하고, 다른 방

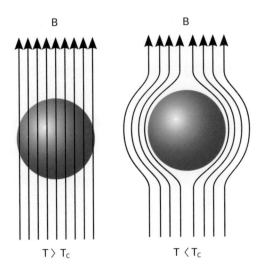

▲ 초전도 전이온도(T_c)보다 높은 온도에서 자기장(B)은 물질을 통과하지만(왼쪽), 그보다 낮은 온도에서는 초전도체로 변한 물질을 비껴간다(오른쪽).

식으로 자기장을 걸어보아도 결과는 같았다. 어떤 순서로 걸어주어도 자기장은 계속해서 밀려났다. 결론은 명확했다. 초전도체는 단순히 완벽한 전도체가 아니었다. 초전도체는 내부의 자기장을 밀어내서 항상 0으로 유지하려고 하는 새로운 물질의 상태였다.

이렇게 외부에서 들어오는 자기장을 완벽하게 밀어내는 상태를 '마이스너 상태'라고 한다. 마이스너 상태의 물질은 자기장을 밀어내기 때문에, 위 오른쪽 그림에서 볼 수 있듯이 밀려난 자기장들이 물질의 표면 근처에 몰려 있어 원래보다 더 높은 자기장이 형성된다. 마이스너는 이렇게 밀려난 자기장의 분포를 측정해서 초전도체 내부의 자기장을 유추해낼 수 있었던 것이다.

마이스너 상태에서 초전도체는 내부에 반대 방향의 자기장을 만들어서 외부에서 들어온 자기장을 상쇄시킨다. 즉 초전도체는 '완벽한 전도체'보다는 외부 자기장과 정확히 반대 방향의 자기장을 만들어내는 '완벽한 반자성체'라는 표현이 더 어울린다. 따라서 마이스너 상태의 초전도체는 언제나 자석에서 밀려나는 모습을 보여야 한다. 하지만 이미 이야기한 것처럼, 반자성체로는 공중 부양을 시킬 수 없다. 척력만으로는 공중으로 밀려나서 튕겨나갈 뿐이다.

• 핵심 정리 •

1. 마이스너 상태는 내부의 모든 자기장을 밀어내는 완벽한 반자성 상태이다.

두 종류의 초전도체와 공중 부양

지금까지 다룬 초전도체의 자기적인 성질은 크게 두 가지로 볼 수 있다. 첫째, 초전도체는 외부 자기장을 걸어주면 모두 밀어내고 내부 자기장을 0으로 유지하려 한다. 둘째, 외부에서 걸어주는 자기장의 세기가 일정 크기를 넘어가면 초전도의 성질을 잃고 일반적인 전도체로 돌아온다. 초전도체가 버틸 수 있는 자기장 세기의 한계가 바로 임계자기장이다.

이런 성질에 따라 초전도체를 1종 초전도체와 2종 초전도체로 나누어볼 수 있는데, 우선 1종 초전도체의 자기적 성질의 그래프는 다음과 같이 그려볼 수 있다.

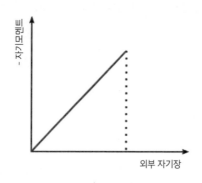

▲ 1종 초전도체의 자기적 성질.

이 그래프의 가로축은 외부에서 걸어주는 자기장의 세기를 나타내며, 세로축은 물질이 갖는 자기모멘트의 크기이다. 자기모멘트는 물질 안에 있는 원자 자석의 세기를 모두 합한 값이라고 볼 수 있다. 세로축에 마이너스(-)가 붙은 이유는 초전도체가 외부 자기장에 반대 방향의 자기모멘트를 만들어서 바깥으로 밀어내기 때문에, 이를 표시하기 위한 것이다.

그래프의 가로축을 따라 자기장의 세기를 0에서부터 점점 증가시키면, 초전도체가 띠는 반대 방향의 자기모멘트도 증가하는 것을 볼 수 있다. 외부 자기장이 증가할 때 이를 상쇄하기 위한 반대 방향의 자기모멘트가 계속 생기기 때문이다. 자기장이 늘어나는 족족 모두 상쇄시키는 이 상태가 바로 마이스너 상태이다. 그리고 임계자기장에 도달하면 초전도체가 '죽기' 때문에 마이스너 상태가 사라짐과 동시에 그래프에서 점선으로 표시된 것처럼 자기모멘트는 즉각 0으로 돌아간다. 전기저항도 0이 아닌 유한한 값으로 측정된다. 오너스가 초기에 발견한 수은, 알루미늄, 납 등 단일 원소로 이루어진 금속들이 바로 1종 초전도체이다.

단일 원소로 이루어진 여러 금속에서 초전도체가 발견된 후, 물리학자들은 둘 이상의 원소를 섞어 만든 합금에서의 초전도 현상에도 관심을 갖기 시작했다. 합금을 만드는 것은 불순물을 첨가하여 물질의 성질을 악화시키는 것으로 생각할 수 있지만, 적절한 비율로 합성한다면 합금 전 각각의 원소가 갖는 성질이 향상되거나, 각각의 원소에는 없던 새로운 성질이 생길 수도 있다. 악기나 예술품에 사용되는 황동(구리와 아연), 건축물이나 기계 부품에 사용하는 강철(철과 탄소), 치과에서 충전재로 많이 사용했던 아말감(수은과 은, 주석) 등 우리 주변에서도 이런 합금의 특성을 적극적으로 활용한 예를 쉽게 찾아볼 수 있다. 초전도체의 경우에도 합금을 했을 때에 각각의 원소가 갖는 전이온도보다 높은 값이 나오는 경우가 있다. 니오븀과 주석의 경우 단일 원소의 초전도 전이온도는 각각 9.25K과 3.7K에 불과하지만, 3 대 1의 비율로 합금을 만들면 전이온도가 18K이 넘는다. 합금된 초전도체를 살펴보니 전이온도만 높은 것이 아니었다. 임계자기장 값이 합금 전의 1종 초전도체에 비해 열 배 이상 높았다. 그리고 자기적 성질 또한 1종 초전도체의 그래프와는 전혀 다른, 다음과 같은 모습이었다.

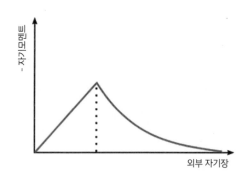

▲ 2종 초전도체의 자기적 성질.

자기적 성질이 이런 그래프를 보이는 초전도체를 2종 초전도체라고 하는데, 위의 그래프에서 외부 자기장이 0인 지점에서부터 오른쪽으로 따라가보면, 처음에는 마이스너 상태를 보이며 1종 초전도체와 같이 외부 자기장을 성공적으로 상쇄시키는 것을 볼 수 있다. 하지만 첫 번째로 만나는 임계자기장을 지나면서 바깥에서 들어오는 자기장을 상쇄하는 자기모멘트의 크기가 줄어드는 것을 볼 수 있다. 이는 외부 자기장을 전부 상쇄시키지 못하고, 일부가 초전도체를 지나가서 초전도체 내부의 자기장이 더 이상 0이 아님을 의미한다. 즉, 이 영역은 엄밀히 말하면 마이스너 상태가 아니다. 여기에서 외부 자기장을 더 증가시키면 자기장을 상쇄하는 능력이 점점 줄어들다가 두 번째 임계자기장에서는 초전도 성질을 완전히 잃게 된다.

이렇듯 이 그래프에는 두 개의 임계자기장이 있다. 첫 번째로 만나는 임계자기장을 '낮은 임계자기장lower critical field', 두 번째로 만나는 임계자기장을 '높은 임계자기장upper critical field'이라고 한다. 이제 두 개의 임계자기장이 각각 어떤 의미를 갖는지 살펴보도록 하자.

그래프만으로는 쉽게 상상할 수 없지만, 2종 초전도체에서 보이는 자기장의 행동은 흥미롭다. 마치 자기장의 군대가 초전도체로 만들어진 벽을 공격하는 것 같다. 마이스너 상태를 보이는 첫 번째 임계자기장까지는 1종 초전도체와 같은 행동

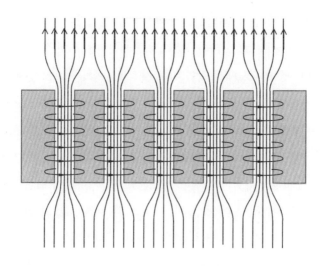

▲ 2종 초전도체에서 낮은 임계자기장을 지난 자기장의 분포.(Adwaele/CC BY-SA 3.0)

을 보인다. 자기장이 약하기 때문에 초전도 성벽은 안으로 들어오는 자기장을 쉽게 물리칠 수 있다. 그래서 자기장은 초전도체를 돌아서 지나갈 수밖에 없고, 그렇게 밀어낸 자기장이 초전도체의 표면에 몰려 있는 모습을 보인다. 하지만 낮은 임계자기장을 지나면 자기장은 흥미로운 형태로 초전도체를 뚫고 지나간다. 위 그림에 보이는 것처럼 자기장은 2종 초전도체에 동그란 구멍 모양으로 초전도가 '죽는' 영역을 만들어 그리로 빨려 들어가는 듯한 모습으로 통과한다. 이때 초전도체에는 자기장을 해당 영역 안에 가두어두기 위해 동그란 구멍 주위로 소용돌이vortex 형태의 전류가 흐르게 되는데, 자기장이 통과하는 구멍을 그래서 '소용돌이 중심vortex core'이라 부른다. 이론적으로 소용돌이 전류는 물질 안을 자유롭게 움직일 수 있지만, 실제 시료는 이론처럼 완벽할 수 없기 때문에 시료에 작은 결함이 있어서 약해진 부분에 소용돌이가 먼저 생긴다. 이렇게 자기장이 몰려 지나가는 부분은 초전도 성질을 잃고 전도체가 되며, 그 나머지 영역은 초전도 상태를 유지한다. 자기장의 세기가 더 커지면 구멍의 수도 늘어난다. 계속해서 자기장의 세기를 키워서 높은 임계자기장에 도달하면 해당 물질의 전체 영역이 모두 초전도 상태가 아니게 된다. 초전도체라는 옹성이 완전히 함락된 것이다.

2종 초전도체에서는 또 하나 재미있고 중요한 현상이 일어난다. 바로 '자기선속 고정flux pinning'이다. 자기선속은 쉽게 말해 자기력선의 개수라고 볼 수 있는데, 어떤 단면에 작용하는 총 자기장이다. 앞에서 언급했듯이 자기장 군대는 처음에 결함이 있는 부분을 먼저 공략한다. 그래서 이 부분에 소용돌이 중심이 생기고 그 위치가 고정pinning된다. 초전도체는 이 구멍을 지나는 자기장이 그대로 유지되도록 하는 성질이 있다. 자석 위에서 초전도체의 위치가 변하면 이 구멍을 지나가는 자기장이 바뀌기 때문에 이를 막기 위해서 초전도체를 원래 위치에 고정시키려는 힘이 생긴다. 이 성질은 공중 부양에 꼭 필요한 성질이니 기억해두도록 하자.

　우리가 쉽게 볼 수 있는 초전도체의 공중 부양 실험 영상은 2종 초전도체를 이용한 실험이다. 대부분의 영상에서는 검은 가루를 뭉친 형태의 초전도체 시료를 사용하는데, 이 물질이 뒤에서 다룰 고온 초전도체 중 하나인 YBCO이다. 이 물질은 네 가지 원소로 이루어져 있으며, 이렇게 복잡한 화합물로 이루어진 고온 초전도 물질은 모두 2종 초전도체로 볼 수 있다.

　공중 부양을 위해서는 2종 초전도체의 자기적 성질 그래프에서 낮은 임계자기장과 높은 임계자기장 사이의 영역에 머물러 있어야 한다. 낮은 임계자기장보다 작은 값의 자기장에서는 마이스너 상태를 보이기 때문에 척력만 작용해서 초전도체가 튕겨나가버린다. 일부 실험 영상에서 초전도체를 자석 위에 올려놓으면 뜨지 않고 옆으로 떨어지는 모습을 볼 수 있는데, 그 이유가 바로 자기장이 너무 약했기 때문이다. 공중 부양 실험을 하기 위해서는 자석 위에 초전도체를 손으로 꾹 눌러서 고정해야 한다. 자석에서 가까울수록 자기장의 세기는 강해지기 때문에, 이렇게 초전도체를 자석 가까이 힘을 주어 붙이면 마이스너 상태를 넘어 자기장이 초전도체 내부를 뚫고 지나갈 수 있다. 이때 초전도체가 좌우로 움직이게 되면 구멍을 지나가는 자기장이 바뀌기 때문에, 자기선속 고정 효과로 인해 원래 자리에 고정되는 힘이 가해진다. 이 상태가 되면 자기선속 고정과 반자성을 모두 이용할 수 있다. 초전도 상태가 남아 있는 곳은 반자성을 보이며 자석을 밀어내고, 구멍이 뚫린 부분은 자기선속 고정으로 인해서 초전도체가 옆으로 움직이는 것을 막는다. 이런 조건이 충족되어야 초전도체가 옆으로 떨어지지 않고 공중 부양할 수 있다.

자기선속 고정으로 일어나는 더 신기한 현상이 있다. 초전도체는 사실 자석 위에 뜰 수만 있는 것이 아니라 자석에 매달릴 수도 있다. 이 역시 자석과 초전도체 사이에 척력만 작용하는 마이스너 상태에서는 불가능하다. 척력뿐 아니라 인력이 작용하기 때문에 가능한 일인데, 초전도체가 자석에 매달리게 하기 위해서도 마찬가지로 자석 아래에서 위로 초전도체를 꾹 눌러 고정해야 한다. 이 상태에서 중력에 의해 초전도체가 아래로 떨어지려는 현상이 구멍 내의 자기장을 바꾸기 때문에, 이를 막기 위해서 초전도체는 중력에 반대 방향의 힘을 가한다. 이렇게 되면 겉으로 볼 때는 초전도체가 자석에 매달린 듯한 상태가 된다.

· 핵심 정리 ·

1. 초전도체는 자기적 성질에 따라 1종과 2종으로 나눌 수 있다.

2. 공중 부양은 2종 초전도체인 경우에 가능하다.

the Sign of Two

이제 초전도체의 세 가지 성질 중 가장 마지막 성질인 거시적 양자 현상에 대해서 알아보자. 양자이론은 세상이 보이는 것처럼 연속적이지 않고 불연속적이라는 사실을 알려준다. 맨눈으로 볼 수 있는 거시세계에서는 모든 것이 연속적인 것 같다. 예를 들면 물의 양도 우리가 원하는 양만큼 어떤 값도 가질 수 있는 것처럼 보인다. 물 100밀리리터를 컵에 따를 수도 있고 100.01밀리리터나 100.00001밀리리터도 따를 수 있으며, 이렇게 연속적인 값 중에서 아무 값이나 선택할 수 있을 것만 같다. 하지만 조금만 확대해서 물컵 안을 들여다보면 이는 사실이 아님을 알 수 있다. 물은 수소 원자 두 개와 산소 원자 한 개가 합쳐진 물 분자로 이루어져 있다. 그리고 이 물 분자 하나가 차지하는 공간이 물 부피의 최소 단위를 결정짓는다. 물질의 부피에도 최소 단위가 있는 것이다. 이렇게 모든 물질이 원자로 이루어져 있다는 사실 자체가 세상이 불연속적이라는 것을 보여주는 가장 기본적인 양자이론이라고 할 수 있다.

양자역학은 여기에서 조금 더 나아간다. 양자역학은 물질만이 아니라 에너지의 값도 연속적이지 않다고 말한다. 양자역학 개념은 1900년에 독일의 물리학자 막스 플랑크에 의해서 처음으로 제안되었다. 그 전까지 에너지는 마치 우리가 거시

세계에서 물의 양을 생각하듯이, 어떤 값이든 가질 수 있는 물리량이었다. 운동에너지는 질량에 속도를 두 번 곱해서 구할 수 있는데, 물질이 가질 수 있는 속도는 빛의 속도보다 작기만 하다면 어떤 값이든 가질 수 있기 때문에 연속적인 값을 갖는 것이 당연해 보인다. 하지만 플랑크의 가설에 의하면 분자가 가질 수 있는 에너지 값에도 최소 단위가 있다. 즉 에너지도 이 최소 단위의 개수로 셀 수 있는 것이다. 오늘날 들어도 황당하게 들릴 수 있는 이야기이다. 플랑크 자신도 처음 이 가설을 제안했을 때에는 회의적이었다고 한다. 하지만 훗날 이 가설은 그의 천재적인 발상이었음이 밝혀진다.

플랑크의 가설에서 시작된 에너지 양자화는 원자 안에서 전자가 갖는 에너지를 설명하기 위해 한 단계 더 발전한다. 물질에서 전자가 갖는 에너지를 분석하기 위해서는 해당 물질에서 나오는 빛을 여러 파장으로 나누어 분석하는 분광학을 주로 이용한다. 빛을 분석하는 가장 오래된 방법은 프리즘으로 들어오는 빛을 분해해서 보는 것이다. 우리가 색이 없다고 느끼는 백색광에는 사실 빨간색부터 보라색까지 모든 색이 섞여 있다. 프리즘을 통과한 백색광은 파장에 따라 갈라지며, 무지개 색으로 연속적으로 분리되어 스펙트럼 형태를 띤다. 빛의 파장은 빛을 이루는 광자의 에너지와 관련이 있으므로, 스펙트럼을 분석하면 빛 속에 어떤 에너지를 갖는 광자가 들어 있는지 알 수 있다.

　물질 속 전자가 갖는 에너지를 알아내기 위해서는 전자가 방출하는 빛, 즉 에너지가 높은 상태에서 낮은 상태로 내려오며 전자가 잃는 에너지를 분광학을 통해 분석해야 한다. 보통 원자는 가만히 있는 상태에서는 빛을 발하지 않는다. 가만히 있는 전자가 에너지를 잃을 리는 없기 때문이다. 공기에도 질소, 산소, 아르곤 등 여러 종류의 원자가 있지만 우리가 이들이 내는 색을 볼 수 없는 까닭도 바로 그 때문이다. 원자가 빛을 내게 하려면 에너지를 외부에서 공급해주어서 전자를 원래보다 높은 에너지를 갖게 만든 후, 다시 원래 상태로 떨어지게 만들어야 한다. 실험에서는 진공관 안에 측정하고자 하는 기체를 채워넣고 양쪽에 높은 전압을 걸어주는 방식으로 에너지를 공급하여 빛을 내게 만든다. 이렇게 만든 빛은 원자의 종류마다 색이 달라 네온사인을 만드는 데 쓰이기도 한다. 다양한 기체가 내는 빛을 분광학을 통해 분석해보니, 빨강부터 보라까지 띠 형태의 연속적인 스펙트럼이 아니라 몇 가지 파장만 밝게 빛나는 선 형태의 불연속적인 스펙트럼이 관찰되었다. 만약 전자가 단순히 원자핵 주위를 궤도운동하고 있다면, 이론상으로는 어떤 값의 에너지도 다 가질 수 있으니 물질이 내는 빛은 연속적인 스펙트럼을 보여야 할 것이다. 하지만 가장 간단한 원자인 수소가 방전관에서 방출하는 빛만 측정해보아도 스펙트럼은 불연속적이었다. 이를 설명하기 위해서는 원자 안에서 전자가 어떻게 움직이고 있는지 기술하는 새로운 이론이 필요했다.

그것은 물리학의 난제였다. 양자역학으로 원자의 구조가 설명되기 전에는, 음전하를 띤 전자가 양전하를 띤 원자핵 주위를 궤도운동하고 있는 것으로 여겨졌다. 하지만 이 설명에는 큰 오류가 있다. 전자기학에 의하면 원운동하고 있는 전자는 전자기파를 방출하고, 이로 인해 에너지를 잃은 전자는 원자핵 속으로 빨려들어갈 수밖에 없기 때문이다. 원자핵은 원자 중심의 아주 작은 부피만 차지하고 원자의 크기는 대부분 전자가 차지하는 공간에 의해서 결정되기 때문에, 전자가 원자핵으로 빨려들어간다면 원자는 존재할 수가 없게 된다. 고전적 원자는 필멸의 존재인 셈이다. 이 오류를 바로잡기 위해서는 양자역학이라는 큰 도약이 필요했다.

덴마크의 물리학자 닐스 보어는 이 문제를 해결하기 위해 새로운 원자모형을 제안했다. 그는 전자를 회전하는 입자가 아닌 파동으로 기술했다. 그리고 마치 파동이 기타 줄을 따라 울리듯이 전자가 원궤도를 따라 정상파를 만드는 것으로 표현하여 원자의 안정성과 에너지가 양자화되어 있는 이유를 동시에 설명했다. 이후 독일의 물리학자 아르놀트 조머펠트가 이를 타원궤도에도 적용할 수 있는 형태로 일반화시켜 보어-

조머펠트 원자모형이 만들어졌다. 이 모형 덕분에 원자 안에서 전자의 에너지가 양자화되는 이유와 안정적으로 궤도운동할 수 있는 조건이 이론적으로 설명될 수 있었다. 보어-조머펠트 원자모형은 지금은 낡은 양자이론으로 여겨지지만 여전히 양자화의 조건을 다룰 때에는 가치 있는 모형이며, 원자의 안정성을 위해서는 양자역학이 반드시 필요하다는 사실을 보여주는 중요한 모형이다. 그리고 앞으로 소개할 초전도체의 거시적 양자 현상도 이 보어-조머펠트 모형에 기반하여 쉽게 이해할 수 있다.

이제 앞에서 소개한 오너스의 영구 전류 실험을 다시 떠올려보자. 이 실험은 초전도체의 전기저항이 정말 0임을 증명하기 위한 실험이었다. 오너스는 초전도체를 고리 형태로 만들어 전류를 흘리면 전력 소모 없이 전류가 흐르는 것을 확인했다. 이 실험을 보면 고리를 따라 영원히 돌고 있는 전자의 모습을 떠올릴 수 있는데, 원운동하는 전자는 에너지를 방출하기 때문에 전하를 갖는 입자가 이렇게 영원히 원운동하는 일은 있을 수 없다. 그런데 우리가 보어-조머펠트 모형으로 알아본 원자 속 전자들과 마찬가지로, 고리에서 돌고 있는 초전류를 이루는 전자들도 파동으로 기술할 수 있다. 이 상황이 보어-조머펠트 모형이 설명해낸 전자가 한 개뿐인 수소 원자와 다른 점은 초전도체 고리에서는 수많은 전자들이 함께 움직이고 있다는 사실이다. 초전도체 안의 전자들은 특이하게도 모두가 연결되어 마치 하나의 파동처럼 움직이고 있다. 굳이 비유하자면 아주 많은 물 분자들이 모여 바다를 이루고 이 바다에서 파도가 치는 것과 같다고 할 수 있다. 그리고 이 초전도 전자가 모여 만드는 초유체의 에너지는 양자화되어 있다. 즉 그 에너지는 불연속적인 값을 갖는다.

오너스는 초전도 고리에서 돌고 있는 전류가 만들어내는 자기장의 세기를 나침반을 이용해서 측정했다. 측정 결과 자기장의 세기는 전류의 양과 비례했으며 초전자 그룹이 가질 수 있는 에너지의 크기와도 비례했다. 여기에서 우리는 중요한 결론에 도달한다. 초전자 그룹의 에너지가 양자화되어 있으니, 고리 안에서 생기는 자기장의 세기(엄밀히 말하자면 자기장의 세기와 고리 내의 면적을 곱한 자기선속 값)도 양자화되어 있어야 한다는 것이다. 이것을 '자기선속 양자화'라고 한다. 이를 확인하기 위해서는 실험이 필요했는데, 전자의 에너지를 직접 측정하는 것은 매우 어려운 일인 반면, 자기장의 세기를 측정하는 것은 상대적으로 쉬운 일이니 자기장의 세기가 불연속적인 값을 갖는지 확인하는 실험이면 충분했다.

실험은 아주 멀리 떨어진 두 나라에서 우연히 같은 해에 동시에 성공했다. 1961년 두 결과는 저명한 물리학 학술지 〈피지컬 리뷰 레터〉 같은 호에 나란히 실렸다.[1] 한 그룹은 미국

캘리포니아주에 위치한 스탠퍼드대학교의 연구팀, 다른 그룹은 독일 바이에른주에 위치한 바이에른 과학아카데미 저온연구위원회의 연구팀이었다. 초전도체로 만든 원통 안에 갇혀 있는 자기장의 세기를 측정해보니 이론적으로 예측한 것처럼 불연속적인 값을 보였다. 하지만 이론과 다른 점이 있었다. 실험 값을 기반으로 계산해보니 초전도체 내에서 전자가 갖는 전하가 자유전자의 전하보다 두 배 큰 것처럼 보였다. 마치 전자 두 개가 짝을 지어서 있는 것처럼 말이다. 이는 실험적 실수나 계산 실수가 아니었다. 실제로 초전도체에서는 두 개의 전자가 쌍을 이루어 다닌다. '쿠퍼쌍'이라고 부르는 짝을 지은 전자 이야기는 3장에서 BCS 이론을 다루며 더 자세하게 살펴볼 것이다.

· 핵심 정리 ·

1. 자기선속 양자화는 초전도체에서 나타나는 거시적 양자 현상이다.

2. 실험 결과 초전도체에서 전자는 마치 둘이 쌍을 이루어 다니는 것처럼 보였다.

초전류의 양자 터널링: 조지프슨 효과

양자 터널링이라는 현상이 있다. 이것은 양자역학적 대상이 고전역학적으로는 넘을 수 없는 에너지 장벽을 넘는 현상인데, 현실에서 쉽게 떠올릴 수 있는 에너지 장벽은 중력에 의한 위치에너지 장벽이다. 다음 그림에는 스케이트보드를 타고 언덕을 넘으려는 사람이 있다. 이 사람이 언덕을 넘으려면 언덕 꼭대기까지 닿을 수 있는 운동에너지가 필요하다. 언덕 꼭대기까지 올라가는 동안 운동에너지는 중력에 의한 위치에너지로 전환되기 때문에, 충분히 큰 운동에너지가 있어야 이 언덕을 넘어갈 수 있고, 그러기 위해서는 빠른 속도로 언덕을 향해 달려가야 한다. 그보다 작은 에너지로는 올라가다가 중간에 멈춘 뒤 다시 아래로 내려갈 것이다.

하지만 미시세계로 들어가면 에너지 장벽이 있다고 하더라도 이를 통과할 수 있는 확률이 있다. 마치 에너지 장벽에 터널을 뚫고 지나가는 것처럼 말이다. 전자, 양성자 등 미시세계에 살고 있는 입자들에게 양자 터널링은 자연스러운 일이며 자주 일어난다. 특히 전자의 터널링은 인간이 사용할 수 있는 수준에 도달했다. 우리가 매일 사용하는 컴퓨터의 솔리드 스테이트 드라이브(SSD)나 메모리 스틱도 전자의 터널링을 활용하여 정보를 쓰고 지운다. 우리 몸속 DNA에서 일어나는,

▲ 언덕을 넘으려면 꼭대기까지 가 닿을 수 있는 운동에너지가 필요하다.

수소 이온(양성자)이 한 곳에서 다른 곳으로 자리를 바꾸는 현상도 양성자의 터널링과 관련이 있다.

쉽게 설명하기 위해서 흔히들 양자 터널링을 우리가 사는 세상에 빗대어 신기한 현상으로 표현하는데, 예를 들면 벽에 야구공을 던졌는데 야구공이 벽을 통과한다는 식이다. 이런 비유 탓에 양자역학은 이해할 수 없는 신묘한 것이라고 여겨지기도 하는 것 같다. 양자역학은 미시세계에서 지배적으로 작용하는 것이기 때문에, 이런 식의 비유는 재미있기는 하지만 적절하지는 않다. 그리고 당연히 거시세계에서 그런 현상이 일어날 가능성도 없다. 이렇게 서로 다른 스케일에서 지배적인 물리법칙을 섞어서 설명하는 것은 혼란만 가중시킬 뿐이다. 예를 들어보자. 거대한 별과 행성들이 있는 우주에서는 질량에 비례하여 강해지는 중력이 지배적인 힘이다. 태양의 질량은 지구 질량의 약 30만 배인데, 이렇게 강한 태양 중력 장의 영향으로 지구는 태양 주위를 공전한다. 반면 스케일을 줄여서 지구 위에서 물체의 운동을 기술할 때에 각 물체가 행사하는 중력의 크기는 무시할 수 있을 만큼 작다. 태양과 지구의 관계처럼 100킬로그램인 사람은 콩 한 알에 비해서 30만 배 정도 무겁지만, 콩이 사람 주위를 공전하는 일은 일어나지 않을 뿐더러 이 둘 사이의 중력도 따지지 않는다. 이렇게 스케일이 바뀌면 지배적인 물리법칙이 달라지게 된다. 따라서 물리법칙을 적용하거나 설명할 때에는 스케일도 함께 고려해야 한다.

다시 양자 터널링으로 돌아오면, 앞에서 초전도체에 흐르는 전류를 전체가 마치 하나의 파동처럼 행동하는 양자역학적 대상으로 소개했다. 정말 초전도체에 흐르는 전류가 양자역학을 따른다면 양자 터널링 현상도 관찰되어야 한다. 그리고 초전도체에서 이런 현상이 일어난다면, 전자나 양성자처럼 한 입자의 수준에서 일어나는 일이 아니기 때문에 이를 '거시적 양자 현상'이라고 볼 수 있다. 그렇다면 어떻게 초전도체를 이용해서 양자 터널링 현상을 관측할 수 있을까? 스케이트보드를 타고 언덕을 넘는 일을 다시 한번 생각해보자. 터널링 현상이 일어나기 위해서는 가운데에 언덕과 같은 에너지 장벽이, 언덕 양쪽으로는 쌩쌩 달릴 수 있는 낮은 에너지 상태가 있어야 한다. 양쪽에 전자가 잘 달릴 수 있는 영역을 만드는 일은 어렵지 않다. 초전도체를 사용하면 된다. 그러면 전기가 흘러가는 것을 막는 장벽은 어떤 물질로 만들면 좋을까? 바로 부도체이다.

양자 터널링 현상으로 초전류가 부도체를 통과해서 흐를 수 있다는 생각을 처음 떠올린 사람은 영국의 물리학자 브라이언 조지프슨이다. 그는 이 아이디어를 생각해낼 당시 케임브리지대학교의 박사과정 학생이었는데, 당시 방문교수로 와 있던 물리학자 필립 앤더슨의 초전도체 이론 강의를 들었다. 앤더슨은 초전도체 이론에도 큰 기여를 한 고체물리학 분야의 대가로, 1977년 받은 노벨 물리학상만으로는 그 업적을 다 설명할 수 없을 정도로 영향력 있는 이론물리학자이다. 케임브리지에서 공부하던 조지프슨은 박사과정 때부터 이미 앤더슨과 같은 대학자의 반열에 올랐던 것 같다. 그는 앤더슨의 강의 중에 틀린 내용이 있으면 하루이틀 뒤에 찾아와 자신이 한 계산을 보여주며 정정해주었다고 한다. 그래서 앤더슨은 항상 긴장하며 강의를 준비해야 했고, 그런 앤더슨의 강의는 조지프슨에게 큰 영향을 주었다. 앤더슨과 조지프슨의 논의들은 고체물리학에 큰 획을 긋는 발견으로 이어졌다. 아마 앤더슨이 방문교수로 가지 않았다면, 그래서 조지프슨이 그 수업을 듣지 못했다면 그의 놀라운 발상도 없었을지 모른다. 오늘날 세계 유수의 대학에서 뛰어난 학자들을 잠시라도 머물도록 초빙하는 이유를 생각해볼 수 있는 대목이다.

조지프슨은 대가인 앤더슨의 이론에 기반해서 초전도체에서 거시적 양자 현상을 볼 수 있는 실험을 설계했다. 그뿐 아니라 그 결과를 이론적으로 예측해 실험 조건을 달아가며 논문을 작성했다. 그는 두 개의 초전도체 사이에 충분히 얇은 두께의 부도체를 두면 새로운 양자 현상이 일어날 것이라고 예측했다.[2] 이렇게 초전도체 사이에 부도체가 끼어 있는 형태를 그의 이름을 따서 '조지프슨 접합'이라고 한다.

조지프슨 접합에서는 두 가지 거시적 양자 현상이 일어날 것으로 예측되었다. 하나는 '직류 조지프슨 효과'라고 부르는 현상이다. 전류를 올려가며 측정했을 때, 임계전류 미만의 작은 전류에서는 초전류가 부도체를 터널링하여 전력 손실 없이 통과한다는 것이다. 이는 직렬 전기회로 이론에 의하면 전혀 직관적이지 않은 결과인데, 조지프슨 접합은 초전도체(저항=0)-부도체(저항=R)-초전도체(저항=0) 순서로 연결되어 있으니 0+R+0=R의 저항 값을 가져야 했기 때문이다.

다른 하나는 '교류 조지프슨 효과'이다. 이 효과는 직류 조지프슨 효과보다 더 믿을 수 없었다. 이 현상은 조지프슨 접합에서 임계전류 이상의 전류를 흘려주었을 때 일어난다. 즉 접합 부분이 초전도성을 잃어 이미 저항이 있는 상태에 진입했을 때 일어나는 현상이다. 조지프슨은 이 상태에 진입한 접합 구조에 직류 전압을 걸어주어도, 방향이 계속해서 바뀌는 교류 전류가 직류 전류와 동시에 흐를 것으로 예측했다. 또한 조지프슨의 예측에 따르면 초전도체와 부도체로 만든 접합은 교류 전류를 만들 뿐 아니라, 외부에서 전자파를 이용해 전압을 걸어주면 특별한 반응을 보여야 했다. 전자파는 전기장이 주기적으로 바뀌는 파동이기 때문에, 물질의 입장에서 이 상황은 교류 전압을 걸어준 것과 같다. 조지프슨은 이 경우 전류-전압 그래프를 그려보면 특정 전류 값들에서 갑자기 전압이 위로 급격하게 올라가는, 마치 계단 같은 모양을 보일 것이라고 예측했다.

1962년에 그가 이런 내용의 논문을 발표했지만 이 모든 것은 어디까지나 그의 상상에 불과했다. 이론적 예측 결과가 너무도 직관에서 벗어나는 것들이라 실제로 일어나리라고는 생각하기 어려웠다. 하지만 초전도 자체도 상상을 뛰어넘는 현상이니, 그의 이론적 예측이 특별히 이상하다고 볼 수도 없었다. 이제 그 예측을 실험적으로 증명하는 일만 남았다.

나중에 알려진 사실이지만, 직류 조지프슨 효과는 그가 이론을 고안하기 전부터 미국에서 활동하던 노르웨이 출신의 물리학자 이바르 예베르에 의해서 이미 측정이 되어 있었다. 그는 다양한 초전도체 시료에서 터널링 현상을 연구하고 있었고, 실험을 통해 이미 많은 결과를 도출해낸 상태였다. 1960년 그는 조지프슨 접합과 같은 형태의 시료를 만들어 전기를 흘리는 실험으로 이 시료에서 터널링하는 전자의 에너지를 분석했는데, 그 논문에 그려져 있는 그래프의 구석에는 작은 전류 영역에서 저항이 0인 부분이 있다. 하지만 아는 만큼 보인다고 했던가. 당시에는 조지프슨의 이론이 없었기 때문에 예베르는 부도체라는 장벽을 뛰어넘어 초전류가 흐르는 것은 불가능하다고 생각했다. 또한 그는 전류가 큰 영역에 관심이 있었기 때문에 이 부분을 대수롭게 여기지 않았다. 그는 중간에 부도체가 있으니 저항이 0이 되는 것은 말이 되지 않는다고 생각하여, 부도체에 결함으로 생긴 작은 구멍을 통해 초전도체가 물리적으로 연결되어 저항이 0인 것으로 결론짓고 넘어갔다. 그렇다고 헛된 실험은 아니었던 것이, 1960년 출판된 이 논문은 터널링 실험을 통해서 초전도체의 전자구조를 보여준 최초의 실험으로, 훗날 예베르에게 노벨 물리학상을 안겨준 그의 가장 큰 성과이기도 하다.

직류 조지프슨 효과를 입증해보인 공식적인 첫 실험은 1963년 앤더슨이 참여한 연구에서 이루어졌다. 그는 벨연구소의 동료인 존 로웰과 함께 부도체를 뚫고 지나가는 초전류를 측정하여 발표했다. 초전도체의 양자 터널링이 최초로 관측된 것이다. 이어서 교류 조지프슨 효과를 증명하는 것도 오래 걸리지 않았다. 1963년 미국의 과학자 시드니 셔피로는 라디오 주파수대의 전자파를 시료에 쪼여가며 실험을 해서 전류-전압 그래프가 조지프슨의 예측대로 계단 모양으로 바뀌는 것을 확인했다. 그래서 이 그래프에 나타난 계단을 '셔피로 계단Shapiro steps'이라고 부른다. 셔피로의 실험 결과로 교류 조지프슨 효과는 간접적으로 증명이 되었다. 그리고 셔피로의 발표 후 두 달이 지난 시점에는 예베르가 교류 전류로 인한 전자파를 직접 측정했다. 초전도체에서 터널링 현상을 규명한 공로로 예베르와 조지프슨은 1973년 노벨 물리학상을 공동 수상했다.

・핵심 정리・

1. 초전도체는 거시적 양자 현상인 양자 터널링 효과를 보인다.

3

초전도체
이론

SUPERCONDUCTOR

○

초전도 이론의 실마리: 동위원소 실험

과학의 방법론 중에서 가장 중요한 것은 변인 통제가 아닐까 싶다. 변인의 종류에는 조작변인, 종속변인, 통제변인이 있다. 연구를 할 때에는 조작변인을 바꾸고, 통제변인은 고정하며, 실험 결과로 종속변인이 바뀌는 것을 관찰한다. 이를 통해 조작변인과 종속변인의 관계에 대해서 알 수 있다. 설명은 간단하지만 실제로는 조작변인을 찾는 것부터가 쉽지 않다. 예를 들어 꽃이 자라는 속도에 어떤 요소가 가장 큰 영향을 주는지 알아보는 연구를 한다고 해보자. 햇빛의 양, 물의 양, 흙의 종류, 흙의 밀도, 공기의 조성, 주위의 소음, 빛의 파장 등 조작변인이 셀 수 없이 많아서 실험도 무궁무진한 설계가 가능하다.

초전도 현상의 원리를 밝히는 연구도 마찬가지이다. 고체 물질에는 바꿀 수 있는 변인이 너무도 많다. 고체 물질 안에서 원자들이 모여서 만드는 격자 구조, 원자의 종류, 원자의 무게, 물질의 순도, 합금의 조성 등 수많은 변인 중에서 전이온도를 체계적으로 바꿀 수 있는 변인을 찾아야 한다. 그리고 이 변인은 다른 변인과는 엮여 있지 않아야 한다. 하지만 물질을 연구할 때 이를 엄밀히 통제하는 것은 거의 불가능하다. 예를 들어 고체를 이루는 원자 일부를 다른 종류의 원자로 치환하면 조성, 순도, 격자 구조, 원자의 무게, 전자의 수 등 많은 것들이 함께 바뀌게 된다. 이 모든 어려움을 극복하고 전이온도와 연결된 하나의 변인을 찾는다면, 초전도의 원리를 밝히는 문제에 핵심적인 발견을 한 셈이다.

오너스의 발견 이후 실험적으로 초전도 현상의 원리를 밝히는 데에는 큰 진전이 없었다. 그러던 중 1950년 중요한 발견이 일어난다. 초전도 전이온도를 바꾸는 조작변인을 찾은 것이다. 우연히도 미국의 두 연구팀에서 동시에 발표를 했는데, 한 곳은 미국 국립표준연구소였고 다른 곳은 뉴저지주에 있는 럿거스대학교였다. 이 결과는 미국 물리학회지인 〈피지컬 리뷰〉에도 실렸다.[1] 발표의 주제는 동위원소였다.

동위원소 개념은 1913년 방사성 원소를 연구하던 영국의 물리학자 프레더릭 소디가 처음 제안했다. 그는 화학적으로 같은 종류의 원자라도 무게가 다를 수 있음을 밝혀냈는데, 이 발견으로 1921년 노벨 화학상을 받았다(소디의 연구 분야는 핵물리였지만, 핵물리와 관련된 몇몇 발견들은 주기율표에 새로운 차원을 더해주는 연구였기에 노벨 화학상을 받았다).

같은 원소라도 다른 질량을 가질 수 있는 이유는 원자의 내부 구조에서 찾아볼 수 있다. 원자는 그 중심에 있는 원자핵과 그 주변 공간을 채우고 있는 전자로 구성되어 있다. 원자 질량의 대부분을 차지하는 원자핵은 양성자와 중성자로 이루어져 있다. 원자의 질량은 이렇게 전자, 양성자, 중성자 세 입자의 질량을 더한 값으로 유추할 수 있다.

일단 같은 원소라면 양성자의 수는 같아야 한다. 수소, 산소, 수은 등 원소의 종류는 양성자의 수로 결정되고, 원자번호도 그렇기 때문이다. 그리고 원자는 전기적으로 중성을 유지해야 하기 때문에 음전하를 띠는 전자의 수는 양전하를 띠는 양성자 수와 같다. 마지막으로 중성자의 수는 이 둘보다는 자유도가 있는데, 바로 이 중성자 수의 차이가 같은 원소라도 질량이 다를 수 있는 이유가 된다(중성자는 전하를 띠지 않기 때문에 화학적 성질을 결정하지는 않지만, 원자의 질량을 결정할 때 절반 이상의 비중을 차지한다. 중성자와 양성자는 질량이 거의 같고, 전자에 비해 1800배 정도 무겁다. 이렇듯 전자의 질량은 무시할 수 있을 정도로 작기 때문에 원자의 질량은 양성자와 중성자의 개수로 결정된다). 그리고 그런 원소를 동위원소라고 한다.

예를 들면 수은의 원자번호는 80, 원소기호는 Hg이다. 여기에서 수은은 80개의 양성자와 80개의 전자를 가진 원자라는 것을 알 수 있다. 그렇다면 중성자의 개수에 대한 정보는 어디에 담겨 있을까? 보통 동위원소를 표현할 때에는 양성자의 수와 중성자의 수를 합한 질량수를 원자번호와 함께 표기한다. 중성자 120에 양성자 80, 즉 질량수 200짜리 수은 원자는 $^{200}_{80}$Hg으로 표기한다. 자연계에 존재하는 수은의 경우 196, 198, 199, 200, 201, 202, 204 등의 질량수를 가질 수 있는데, 핵물리학에서 가속기를 활용해서 인공적으로 만들 수 있는 원소까지 합하면 수십 가지 질량수가 나올 수 있다. 하지만 이렇게 무게가 달라도 화학적 성질을 결정하는 양성자와 전자의 개수는 변함이 없기 때문에 화학반응을 시킬 때나 고체 시료를 합성하는 등 대부분의 상황에서는 동위원소를 구분하여 사용할 필요가 없다.

핵물리에서 자주 사용되는 이 동위원소가 어쩌다가 초전도체 연구에서 큰 이슈가 되었을까? 두 그룹의 연구자들은 수은의 동위원소를 바꾸어가며 시료를 합성했다. 이렇게 하면 같은 수은 시료라도 구성하는 원자들의 무게가 달라지게 된다. 과거에 오너스도 비슷한 실험을 했지만 성공적인 결과를 얻지 못했는데, 이들의 실험은 당시보다 기술의 수준에서 크게 차이가 났다. 실험 결과를 보니 정말로 동위원소에 따라서 전이온도가 달라졌다. 수은 원자의 무게가 가벼울수록 높은 온도에서 초전도 전이가 일어났고, 무거운 수은 원자로 만든 시료에서는 전이온도가 낮아졌다.

초전도는 전자들에 의해서 일어나는 현상인데, 어떻게 전자와는 상관이 없는 원자의 무게에 따라서 전이온도가 달라지는 것일까? 그렇다면 원자의 무게가 전자의 성질에 영향을 미칠 수 있다는 소리인가? 원자핵의 중력에 전자가 영향을 받는다고 생각할 수도 있지만, 미시세계에서 중력의 영향은 너무나도 작아서 계산에는 고려하지 않는다. 하나 생각해볼 수 있는 것은 격자의 진동인 포논과 전자의 상호작용이다. 1장에서 다룬 것처럼 전자와 격자진동(포논)의 상호작용은 전기저항이 생기는 이유 중 하나인데, 원자의 무게가 바뀌면 격자진동의 진동수도 달라지게 되니 전자의 행동에도 영향을 미치는 것이다.

동위원소 효과의 발견은 훗날 전자와 포논의 상호작용이 초전도의 원리임을 밝히는 데에 아주 중요한 단서를 제공했다. 이는 얼핏 직관에 위배되는 것처럼 보인다. 전기저항의 원인이 되는 전자와 포논의 상호작용이, 저항이 0이 되는 초전도 현상과 관련이 있다는 말처럼 들리기 때문이다. 하지만 우리가 받

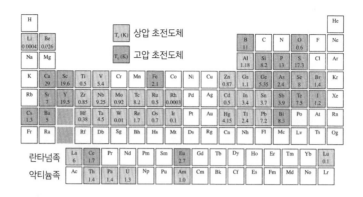

▲ 초전도체 주기율표.(Flores-Livas, José A.; et al./CC BY 4.0)

아들이기 싫다 해도 그것이 자연이 작동하는 방식이었다.

　저항의 원인이 되는 상호작용이 초전도 현상과 관련이 있다는 것은 이미 발견된 초전도체 목록을 보면 어느 정도 이해할 수 있다. 위의 주기율표에서 색칠이 되어 있는 원소들은 저온에서 초전도체가 되는 원소들이다. 주기율표 가운데 부분에 하얗게 남아 있는 금(Au), 은(Ag), 구리(Cu), 백금(Pt), 팔라듐(Pd) 등은 저항이 낮아서 우수한 전도체로 알려져 있는 물질들이다. 전도성이 좋아서 도선으로 사용되기도 하는데, 정작 이런 물질들은 초전도 현상을 보이지 않는다.

1. 동위원소 실험으로 포논과 전자의 상호작용이 초전도 현상의 핵심이라는 사실이 밝혀졌다.

초전도체와 현상론

나는 훗날 틀린 것으로 밝혀지거나 완벽하지 않더라도 제시된 이론이 있는 것이 중요하다고 생각한다. 이론이 없다면 연구는 어둠 속에서 주위를 더듬으며 나가는 것과 다름없을 것이다. 완벽한 이론이 아니더라도 현상을 해석할 수 있는 이론이 있어야 방향성을 갖고 나아갈 수 있다. 처음에 제시된 이론들은 틀린 경우가 대부분이지만, 옳은 이론을 찾기 위한 가능성을 좁힌 것이기 때문에 가치가 있다.

초전도체 발견과 같은 실험적 성과도 그 자체로 큰 업적이지만, 이론으로 설명이 되어야 그 현상에 대해서 제대로 이해했다고 할 수 있다. 초전도 현상의 발견 시점부터 그것을 설명하는 이론이 나오기까지 46년이 걸렸는데, 당시에는 초전도 현상의 원리를 설명할 정확한 이론이 없었기 때문에 과학자들은 나름의 가설을 가지고 가능한 모든 가능성을 일일이 확인하며 연구했을 것이다. 1900년 막스 플랑크를 시작으로 보어, 조머펠트, 아인슈타인 등이 양자역학을 발전시키기 시작했지만, 전자의 운동을 기술할 수 있는 슈뢰딩거 방정식과 하이젠베르크의 연구가 발표된 1925~1926년 전까지는 제대로 된 계산을 하기가 어려웠다. 물론 이론으로 설명되지 않는 새로운 연구를 하는 재미도 있었겠지만, 어둠 속을 헤매다가 많은 벽에 부딪혔을 것이다.

그렇다고 물리학자들이 눈을 감고 연구한 것은 아니다. 과학에서의 방법론 중 현상론이라는 것이 있다. 현상론은 내부의 미시적인 역학까지 밝히지는 못하더라도, 현상을 해석하고 예측하는 데에 중점을 둔 방법론을 말한다. 전자가 어떤 상호작용에 의해서 초전도 현상을 보이는지는 알 수 없어도, 실험에서 초전도체가 보이는 여러 성질을 설명할 수 있는 방법론이다. 예를 들어 세포의 존재가 알려지기 전, 어떤 호기심 많은 사람이 개미 무리를 연구한다고 생각해보자. 개미의 세포가 어떻게 작동하고, 뇌의 구조는 어떠하며, DNA가 어떻다는 등 개미의 생리적 원리에 대해서는 모를 수 있다. 하지만 개미 무리의 행동을 관찰하여 그에 대한 이론을 세우는 것은 가능하다. 그리고 개미 무리를 다루는 상황이라면 개미의 세포, 뇌과학, DNA 등 지나치게 자세한 정보는 필요 없을 수도 있다.

현상론은 실험 결과를 설명하고 예측하여 연구를 계획하는 데에 필수적이다. 미시적 원리를 알지 못하는 상태에서 물리적 직관을 활용해 실험을 계획할 때에는 현상론이 유용할 수 있다. 훗날 구체적인 이론을 발견했을 때에도, 그 이론을 이용해 현상론에서의 방정식을 유도해낼 수 있어야 제대로 된 이론이라고 할 수 있다. 이 꼭지에서는 BCS 이론이 개발되기 전에 초전도체를 연구하는 물리학자들에게 등불이 되어준 두 가지 현상론을 소개하려 한다.

독일 베를린훔볼트대학교의 교수 프리츠 런던은 양자역학을 활용해서 화학결합을 설명하는 '하이틀러-런던 이론'을 만들기도 한 물리학자이다. 동생 하인츠 런던도 본대학교 수학교수였던 아버지의 영향을 받은 것인지 형 프리츠의 영향을 받은 것인지는 모르지만, 초전도 실험을 전공으로 박사학위를 받은 물리학자이다.

1933년 독일에서 히틀러가 정권을 잡고 유대인들을 색출하여 차별하기 시작하면서, 유대인 가정에서 태어난 두 형제 물리학자의 상황도 급격하게 나빠졌다. 독일 정부는 유대계 독일인을 교직과 공직에서 쫓아내는 등 독일에서 살고 있는 유대인의 삶을 점점 힘들게 만들었다. 형인 프리츠 런던의 교수직도 당연히 유지될 수 없었다. 형제는 독일을 떠나 영국의 옥스퍼드대학교를 피난처로 삼았다.

뉘른베르크 전당대회에서 반유대주의 법을 통과시켜 유대인과 독일인의 혼인을 금지하는 등 나치 독일의 반유대주의가 본격화된 1935년, 런던 형제는 초전도체 이론을 논할 때 빼놓을 수 없는 '런던 방정식'을 발표한다. 당시 양자역학은 이제 막 여러 현상을 설명하는 데 적용되기 시작한 수준이었지만, 고전 전자기학은 이미 완성 단계에 도달해 있었다. 네 개의 맥스웰 방정식으로 대표되는 전자기학은 물질의 전기와 자기적 특성을 설명하고 예측하는 데에 부족함이 없었다. 다른 물리학자들과 마찬가지로 맥스웰 방정식을 능수능란하게 다룰 줄 알았던 런던 형제는 초전도 현상을 양자역학이 아닌 전자기학 문제로 접근했다. 어차피 초전도체에서 전기가 흐르는 것도, 자기장을 밀어내는 것도 전자기 현상이니 말이다.

그들은 초전도체의 특성인 저항이 0인 것과 마이스너 효과를 고려하여, 초전도체에 알맞은 방정식 두 개를 맥스웰 방정식에 추가했다. 방정식 두 개로 이루어진 런던 방정식은 초전도체에서 일어나는 전자기 현상을 훌륭하게 설명해주었다. 특히 초전도체에 자기장이 어느 정도 깊이로 침투할 수 있는지에 관한 계산은 실험 결과와 놀라울 정도로 일치했다. 게다가 런던 방정식은 초전도체의 그런 고전적인 성질만 설명해낸 것도 아니었다. 프리츠 런던은 보어-조머펠트 양자 조건과 런던 방정식을 조합하여, 앞에서 다룬 자기선속 양자화를 예측하기도 했다(물론 이때에는 BCS 이론이나 쿠퍼쌍에 대한 사실이 밝혀지지 않아서, 계산에 작은 실수가 있기는 했다).

런던 방정식은 강력했지만 초전도 현상은 단순한 전자기 현상 이상이었다. 전자기 현상 외에도 다양한 현상들이 있었으며, 이런 새로운 현상들을 표현하기에 런던 방정식은 충분하지 않았다. 이때 등장한 것이 '긴즈부르크-란다우 이론'이다. 두 물리학자 비탈리 긴즈부르크와 레프 란다우가 고안한 이 이론은 초전도체를 본격적으로 양자 현상으로 기술한 이론이라고 볼 수 있다. 이 이론은 전이온도 근처에서 초전도체의 임계전류, 임계자기장, 상전이 등 많은 현상을 성공적으로 설명했다. 그리고 왜 1종 초전도체와 2종 초전도체가 서로 다른지를 이론적으로 설명하며, 그들 사이에 근본적인 차이가 있음을 보였다.

이 이론에 기여한 두 사람 모두 노벨 물리학상을 수상했는데, 특히 란다우는 물리학계에서 소개가 필요 없을 정도로 영향력 있는 소련의 물리학자이다. 란다우는 제2차 세계대전과 냉전 시기에 활동한 인물로, 긴즈부르크-란다우 이론 이외에도 란다우 준위, 란다우 반자성, 란다우 페르미 액체 등 그의 이름을 딴 현상과 이론은 무척 많다. 스탈린을 비판하며 반체제 활동을 했다는 이유로 옥살이도 하지만 1937년 초유체를 발견한 물리학자 표트르 카피차의 간청으로 석방되어 다시 물리학자로 활동할 수 있었다. 카피차 역시 저온물리학에 대한 공헌으로 1978년 노벨 물리학상을 받은 대학자이다.

물리학계에서 란다우의 영향력은 너무나도 커서, 초전도에 관한 연구로 2003년 노벨 물리학상을 공동 수상한 알렉세이 아브리코소프와 비탈리 긴즈부르크, 물질의 자성을 논할 때 빼놓을 수 없는 이론물리학자 이고리 잘로신스키 등 많은 저명한 물리학자들이 란다우 학파 출신이며, 이 계보는 지금도 이어지고 있다. 란다우는 1962년 노벨상을 받지만 안타깝게도 그 전에 교통사고를 당해 시상식에는 참석하지 못하고 6년 뒤 숨을 거두었다.

• 핵심 정리 •

1. 런던 방정식과 긴즈부르크-란다우 이론은 초전도체를 기술하는 중요한 현상론이다.

초전도체의 원리를 밝히기 위한 아인슈타인의 도전

헝클어진 백발에 혀를 삐죽 내민 알베르트 아인슈타인. 상대성이론 발견으로 세계에서 가장 유명한 물리학자 반열에 오른 그에게는 재미있는 일화도 많다. 셀럽에게 근거 없는 루머가 따라다니듯이, 일화 중에는 맥락이 누락되어 와전된 경우도 있다. 예를 들면 아인슈타인이 "신은 주사위 놀이를 하지 않는다"라며 양자역학을 부정하고, 오랫동안 양자역학을 믿지 않았다는 이야기가 있다. 심지어 아인슈타인이 빛의 속도로 움직이는 물체에서 일어나는 일은 잘 알았지만, 양자역학에 대해서는 무지했다는 식의 말들도 있는데 이는 전혀 맞지 않는 이야기이다.

그가 "신은 주사위 놀이를 하지 않는다"라는 말을 한 것은 양자역학에 대한 거부나 부정이 아니라 그 확률론적 해석에 대한 불만의 표현이었다. 아인슈타인은 당시 플랑크의 양자가설을 가장 먼저 받아들인 몇 안 되는 물리학자였고, 양자역학을 사용해 비열과 같은 고체의 성질을 정확히 계산한 사람이기도 하다. 그가 노벨 물리학상을 받은 직접적인 이유도 금속에 빛을 쪼이면 전자가 튀어나오는 양자 현상인 광전효과 때문이다. 이런 그가 양자역학에 대해 무지했다는 것은 어불성설이다.

아인슈타인의 업적 중에는 상대성이론 외에도 광전효과와 브라운 운동 등 물질의 물리학과 관련된 내용들이 많은데, 그중에 1907년 발표한 고체의 비열에 대한 이론이 있다. 비열은 물질의 온도를 바꾸기 위해서 얼마나 많은 에너지가 필요한지를 나타내는 척도이다. 비열은 실험적으로 측정이 가능했고, 온도에 따른 다양한 물질들의 비열도 이미 측정이 되어 있었다. 1819년 프랑스의 두 과학자 피에르 뒬롱과 알렉시 프티는 높은 온도에서 많은 고체의 비열 값이 같다는 것을 실험적으로 밝혔다. 이것이 '뒬롱-프티의 법칙'인데, 전혀 다른 물질들의 비열이 같다는 것은 신기한 일이었다. 사람은 키, 몸무게, 성격 등 각자의 차이가 있어도 구성 성분이 거의 같기 때문에 비슷한 물리적 특성을 갖지만, 물질의 경우는 구성하는 원소부터 전혀 상이한 경우가 많은데 이렇게 같은 값이 존재한다니 이상했다.

아인슈타인은 이에 대한 이론적인 설명을 찾기 위해 열이 격자의 진동(포논)에 저장된다는 가정을 했다. 기체의 열에너지에 대해서는 이미 막스 플랑크를 비롯한 많은 물리학자가 연구해놓은 상태였는데, 기체에서는 원자들이 공간을 자유롭게 날아다니기 때문에 열에너지가 원자의 운동에너지 형태로 저장된다. 하지만 고체에서는 원자가 고정되어 있으므로 공간을 자유롭게 누빌 수 없다. 대신에 고체의 원자는 격자 내의 자기 자리에서 진동하는 형태로 에너지를 갖는다. 아인슈타인은 이 격자진동의 에너지가 플랑크의 이론처럼 양자화되어 있다고 가정하고 비열의 값을 계산했는데, 그 값이 뒬롱-프티의 법칙과 맞아떨어졌다. 이것은 물리학의 역사에서 처음으로 격자진동이 고체 물질의 열역학적 성질을 설명하는 데 활용된 예이기도 했다. 아인슈타인이 겨우 20대 중반에 이룬 업적이었다.

레이던대학교에서 초전도 현상이 발견되었을 때 30대 초반이었던 아인슈타인은 레이던에 방문하는 것을 아주 좋아했다고 한다. 당시 네덜란드 물리학계는 전성기를 보내고 있었고 레이던은 뛰어난 물리학자로 가득했다. 그중에는 아인슈타인의 특수상대성이론 발견에 영향을 준 헨드릭 로런츠와 아인슈타인과 막역한 친구 사이인 파울 에렌페스트도 있었다.

종종 레이던을 방문하던 아인슈타인은 1920년부터 아예

▲ 왼쪽부터 알베르트 아인슈타인, 파울 에렌페스트, 폴 랑주뱅, 카메를링 오너스, 피에르 바이스.

레이던대학교에서 방문교수로 재직한다. 그곳에 있던 세계에서 가장 차가운 곳, 오너스의 저온 연구실에 아인슈타인도 당연히 관심이 있었다. 당시 찍힌 앞의 사진에서 보듯 물리학자들로 붐비는 오너스의 저온 연구실은 그들에게 마치 놀이공원과 같은 곳이었을 것이다. 1922년 노벨 물리학상을 받으며 전성기를 보내고 있던 아인슈타인은 발견된 지 10년도 넘었지만 초전도 현상을 제대로 설명하는 이론이 없다는 문제에 관심이 많아서, 오너스와 논의를 이어가며 제대로 된 이론을 찾고자 노력했다. 그는 동일한 원자가 길게 늘어서 있을 때, 각 원자의 가장 바깥쪽에 있는 전자들이 다 함께 옆으로 한 칸씩 움직이며 초전도 현상을 만들어낸다는 이론을 제시했다. 이 이론에 따르면 다른 종류의 원자는 불순물로 작용하여 모든 원자의 전자가 발맞추어 옆으로 이동하는 것을 방해했기 때문에, 서로 다른 물질로 만들어진 초전도체를 이어붙이면 초전류가 흐르지 않아야 했다.

오너스는 이를 확인하기 위해 초전도를 띠는 납과 주석을 이어붙여 실험을 했는데, 실험 결과 초전류는 잘 흘렀다. 아인슈타인의 이론이 틀렸던 것이다. 앞에서도 이야기한 것처럼, 틀린 이론이라도 실험의 방향을 제시해줄 수 있다면 충분한 가치가 있다. 그래도 그는 이런 결과에 적잖이 속상했던 모양인지 다음과 같은 말을 남겼다. "이론물리학자는 부러워할 수 없는 직업이다. 왜냐하면 실험이 끊임없이, 그리고 매우 불친절하게 그의 일을 판단하기 때문이다. 실험이 이론과 일치하면 아마도 이론이 맞을 수도 있을 것 같다고 하지, 절대로 단숨에 맞았다고 하는 법은 없다. 만약 실험과 이론이 일치하지 않으면 이론이 틀렸다고 한다. 대부분의 이론은 만들어진 후에 틀렸다는 말을 듣는다."[2]

1920년대 초 아인슈타인이 초전도 문제를 풀 수 없었던 것은 당연하다. 이 문제를 해결하기 위한 이론적 도구, 즉 전자의 행동을 기술할 수 있는 하이젠베르크의 행렬역학과 슈뢰딩거의 방정식이 1925~1926년에야 발견되었기 때문이다. 아인슈타인은 오너스의 교수직 40주년을 축하하는 자리에서 "양자역학에 대한 우리의 무지로 인해, 초전도 이론을 세우기에는 아직 멀었다"라며[3] 올바른 초전도 이론을 찾는 일에 대한 어려움을 토로하기도 했다. 하지만 초전도 연구에 있어서 그의 기여를 너무 과소평가하지는 말자. 앞서 그가 비열을 설명하기 위해서 도입했던 격자진동이 훗날 초전도 현상의 원리와 관련이 있음이 밝혀지기 때문이다. 또한 그가 이론적으로 정립한 광전효과는 지금은 광전자 분광학photoelectron spectroscopy이라는 분야로 발전하여, 고온 초전도체의 원리를 밝히는 현장에서 사용되고 있다.

1. 아인슈타인은 상대성이론뿐 아니라 양자역학에 기반한 물질물
   리학에도 큰 기여를 했다.
2. 아인슈타인도 초전도 이론을 고안하려 했지만, 당시 이론적 기
   술의 부재로 성공하지 못했다.

양자역학의 발전과 실패한 이론

엑스칼리버라는 검에 얽힌 이야기를 들어보았을 것이다. 아서
왕의 전설에 등장하는 이 성검은 강철도 자를 수 있고 마법도
부릴 수 있으며 치유의 능력까지 있는 굉장한 검으로, 많은 기
사들이 바위에 꽂혀 있던 이 검을 뽑으려 했지만 모두 실패하
고 결국에는 아서왕이 뽑아 왕이 된다는 이야기이다. 이 엑스
칼리버를 뽑으려는 기사들을 방불케 할 정도로 수많은 물리
학자가 올바른 초전도 이론을 찾기 위해 애를 썼다. 엑스칼리
버의 전설에서는 영웅이 등장하여 문제를 단숨에 해결하지만,
초전도 이론은 50년 가까운 세월 동안 많은 물리학자들의 노
력 덕분에 조금씩 실마리를 보이다가 마지막에 등장한 3인의
'BCS 기사'가 문제를 해결했다.

　초전도 현상의 원리를 밝히기 위한 도전은 1925~1926년

전과 후로 나누어볼 수 있다. 이때는 하이젠베르크와 슈뢰딩거가 양자이론에서 따라야 하는 가장 기본적인 방정식을 발표한 시기로, 전자의 행동을 정량적으로 계산하기 위해서는 이 방정식들이 꼭 필요하기 때문에 이 시기 전후로 나누는 것이 적절할 것이다. 초전도 현상의 원리를 밝히는 데에 양자역학이 핵심적인 역할을 했으니, 양자역학 발전사의 맥락에서 이 시기를 전후로 한 초전도 이론의 역사를 살펴보도록 하자.

양자역학이 잉태된 것은 1900년 막스 플랑크의 통찰력 덕분이다. 플랑크는 뜨거운 물체가 발하는 빛의 스펙트럼을 설명하기 위해 에너지 양자화 개념을 처음 제안했다. 그리고 5년 후 아인슈타인은 '기적의 해'를 맞는다. 현대 물리학의 기초에 중요한 공헌을 한 그해의 논문 네 편 중에 바로 광전효과 연구가 있었는데, 여기서 그는 빛의 양자인 광자의 존재를 세상에 처음으로 알렸다. 또 다른 큰 도약은 1913년에 닐스 보어가 보어 원자모형을 발표했을 때 일어났다. 보어 모형에서도 원자핵 주위를 도는 고전적인 전자 개념은 폐기되지 않았지만, 보어 모형은 양자이론을 사용하여 원자가 내는 불연속적인 파장의 빛을 성공적으로 설명했다. 다음해인 1914년 독일 출신의 두 과학자 제임스 프랑크와 구스타프 헤르츠는 수은 기체를 이용해 수은 원자에 불연속적인 에너지 계단이 있는 것을 확인했다. 이 '프랑크-헤르츠 실험'으로 플랑크의 양자가설, 아인슈타인의 광전효과 그리고 닐스 보어의 원자모형까지 모두 유효함을 입증해 이들은 1925년 노벨 물리학상을 받았다.

초전도 현상의 원리를 초기에 이론적으로 밝히려 도전한 사람 중 하나는 음극선 실험으로 전자의 존재를 발견한 조지프 존 톰슨이다. J. J. 톰슨은 외부에서 전기장을 걸어주면 금속 내에 원자로 만들어진 선의 형태로 분극이 일어나고, 이 선을 따라서 전자가 저항 없이 이동할 수 있다고 생각했다. 그는 1915년 〈금속을 통한 전기 전도〉라는 중립적인 제목으로 조심스럽게 그의 초전도 이론을 발표하지만 큰 반응은 얻지 못했다. 그로부터 몇 년 후인 1921년에는 초전도 현상을 발견한 오너스도 이론을 발표했다. 그는 전자가 초전도체에서 실처럼 가는 선을 따라서 흐른다고 주장했는데, 그의 표현에 따르면 "초전도체에서는 전자가 금속 원자와 충돌하지 않고 미끄러지듯이" 간다고 했다.[4] 이 시기에는 아직 금속에서 전자의 운동을 제대로 기술할 수 있는 이론적 근거가 없었기에, 초전도 이론들이 성공을 거두지 못한 것도 어떻게 보면 당연하다.

1925년부터 2년간 양자역학은 새로운 시대를 맞이한다. 양자역학의 뉴턴 방정식이라고 볼 수 있는 슈뢰딩거 방정식과 하이젠베르크 행렬역학이 발표되었기 때문이다. 이들의 발견을 기준으로 양자이론을 나누어 이전의 양자이론을 '초기 양자론old quantum theory'이라고 부르기도 한다. 슈뢰딩거 방정식과 하이젠베르크 행렬역학은 전자와 같은 미시세계 입자의 행동을 계산할 수 있게 해주었기 때문에, 이로 인해서 양자역학의 전성기가 시작되었다고 해도 과언은 아니다. 슈뢰딩거와 하이젠베르크가 개발한 이론적 도구들은 사실 모든 경우에 사용할 수 있지만, 초기에는 대부분 원자 안에 갇혀 있는 전자의 행동을 기술하는 데에 적용되었다. 따라서 수많은 원자가 격자 구조를 이루고 있는 금속 안에서 움직이는 전자를 기술하는 데에는 어려움이 있었다. 하지만 1928년 스위스 출신의 물리학자 펠릭스 블로흐는 금속 안에서 전자의 행동을 기술할 수 있는 파동함수를 찾아낸다. 슈뢰딩거 방정식을 풀기 위해서는 적절한 형태의 파동함수를 찾아야 하는데, 블로흐가 고체를 이루는 어떤 격자 구조에도 적용할 수 있는 파동함수를 찾아낸 것이다. 이로 인해 고체 안에서 전자의 에너지와 움직임을 계산할 수 있는 길이 열렸다.

양자역학의 창시자 중 한 명인 보어도 초전도 문제를 풀기 위해서 씨름하고 있었다. 그는 석사 학생일 때부터 금속에서의 전도 현상을 연구해왔고, 그 주제로 1911년 박사학위까지 받았기 때문에 초전도체 이론에 관심이 있을 수밖에 없었다. 1928년, 금속에서의 전도 현상을 설명한 블로흐의 박사 논문을 접한 보어는 하이젠베르크에게 보내는 편지에서 블로흐의 졸업 논문을 언급했다. "초전도 이론 연구는 잘 되어가고 있나? 자네가 보내준 블로흐의 졸업 논문은 아주 잘 읽었네."[5] 블로흐의 졸업 논문에는 초전도에 대한 직접적인 언급이 없었는데도 보어가 이 논문을 언급하며 하이젠베르크에게 초전도 이론에 대해서 물은 것을 보면, 두 사람 사이에서 초전도에 대한 논의가 계속 진행되고 있었음을 알 수 있다(보어와 하이젠베르크의 학문적 논의와 우정에 관심이 있는 독자는 하이젠베르크의 《부분과 전체》를 읽어보면 좋을 것이다. 양자역학이 태동하던 시기에 살았던 물리학자의 고민이 고스란히 담겨 있는 귀중한 책이다).

1932년 보어는 결국 초전도 이론을 고안해낸다. 그는 초전도체 안에서 전자가 원자에서 분리되어 따로 격자를 이룬다고 보았다. 그리고 전자로 만들어진 이 격자는 저온에서 원자핵과 상호작용하지 않고 미끄러지듯이 이동한다는 내용이었다. 재미있는 발상이었지만, 보어 스스로도 어떻게 전자와 원자핵이 서로 상호작용하지 않고 이동할 수 있는지 의문이 들었다. 그래서 그는 고체에서 전자의 행동에 대한 연구를 계속해온 블로흐에게 편지를 써서 이 문제에 대한 의견을 구했는데, 블로흐는 보어의 이론이 틀렸다고 생각했다. 둘의 토론은 계속되었고, 보어는 결국 이론을 발표하지 않기로 한다. 훗날 이와 비슷한 이론이 틀린 이론으로 밝혀지기 때문에, 발표하지 않기로 한 보어의 결정은 옳았다.

초전도 현상론으로 큰 기여를 한 물리학자 란다우도 1933년 초전도 이론을 제시했다. 우선 란다우는 1933년 마이스너-옥센펠트 효과가 관찰되기 전부터 초전도체는 단순히 완벽한 전도체일 수 없다는 통찰을 가지고 있었는데, 그의 논리는 다음과 같다. 초전도체는 전이온도 이상에서 유한한 저항 값을 보이다가, 전이온도에 도달하면 갑자기 저항 값이 0으로 떨어진다. 초전도체가 갑자기 완벽한 전도체로 변하는 것이라면, 전자가 주변에 있는 불순물 및 격자진동(포논)과 상호작용하다가 특정 온도에서 갑자기 그 상호작용이 사라진다는 말이다. 하지만 이렇게 갑자기 상호작용이 사라지는 일은 상상하기 어렵다. 이 통찰은 정확했지만 이어서 나온 그의 이론으로는 초전도체의 일부 실험 결과만 설명이 가능했다. 비록 당시에는 실패한 이론이었지만, 이 이론을 초석으로 삼아 란다우의 이름을 건 많은 이론들이 생겨났다. 앞서 이야기한 긴즈부르크-란다우 이론도 그중 하나이다. 란다우와 비슷한 아이디어를 가지고 있던 블로흐도 마찬가지로 초전도 이론을 찾는 데는 실패했다. 블로흐는 전 세계의 물리학자들이 초전도와 씨름하고 있는 것을 보고 자조 섞인 정리를 하나 만들기도 했다.

"모든 초전도 이론은 반증될 수 있다."[6]

1930년대부터는 고에너지물리학의 전성기가 시작된다. 고에너지물리학은 핵반응과 핵의 내부 구조를 연구하는 핵물리학, 그리고 기본입자를 연구하는 입자물리학을 포함하는 물리학의 분과이다. 이로부터 원자핵의 내부 구조가 밝혀졌고, 많은 기본입자들이 발견되었다. 그리고 고에너지물리학 최고의 성과인 핵분열 발견과 전 세계를 전쟁의 공포에 몰아넣은 제2차 세계대전은 공교롭게도 모두 1930년대의 마지막 해에 일어났다. 제2차 세계대전은 당대 최고의 과학자들이 인류의 비극에 가담한 과학전이기도 했다. 전자기학을 레이더 기술에 적용했고, 핵분열을 이용해 핵폭탄을 만들었다.

이 시기에 활동했던 물리학자 중에서 리처드 파인먼을 빼놓을 수 없다. 대중서를 쓰기도 하고 강연에도 능했던 리처드 파인먼은 물리학적으로도 뛰어났고, 대중적으로도 인기가 있었다. 그는 물리학에서 특히 양자장론quantum field theory이라고 불리는 분야에 큰 기여를 했는데, 양자장론의 복잡한 방정식을 직선과 구불구불한 선으로 표현할 수 있는 파인먼 다이어그램을 만들어내기도 했다. 파인먼도 초전도 문제를 풀기 위해 골몰했는데, 성공적인 도전은 아니었기 때문에 출판된 결과는 없다. 그래서 그랬는지 1950년대의 자신의 활동에 대한 질문을 받았을 때에 그는 이렇게 대답했다. "그때에 내 활동에는 큰 공백이 있어요. 그 시기에 초전도 문제를 풀려고 노력했지만, 실패했습니다."[7] 하지만 파인먼도 초전도 이론에 큰 기여를 했다고 볼 수 있다. BCS 이론은 바로 양자장론으로 만들어졌기 때문이다.

• 핵심 정리 •

1. 여러 물리학의 대가들이 초전도 이론을 세우기 위해 노력했지만, 당시 이론적 기술 부재와 실험 결과 부족으로 실패했다.

BCS 삼총사

초전도 이론의 퍼즐은 다음 세 가지 조각이 맞춰지면서 풀렸다. 초전도의 원인을 실험적으로 밝힌 동위원소 효과, 두 전자를 하나로 묶어 초전도 이론의 기반을 만든 쿠퍼쌍, 그리고 수많은 쿠퍼쌍을 묶어 초전도를 기술할 파동함수. 이제부터 하나씩 살펴보기로 하자.

중요한 발견이 종종 전혀 다른 장소에서 동시에 이루어지는 경우가 있다. 아마도 여러 연구 결과가 축적되어, 때가 무르익어서 그랬을 것이라 생각한다. 1950년의 초전도 연구에서는 이런 일이 두 번이나 일어났다. 첫 번째는 앞에서 소개한 동위원소 효과의 발견이다. 미국의 국립표준연구소와 럿거스대학교에서 1950년 5월 동시에 발표한 이 효과는 동위원소를 활용한 실험으로 원자의 질량과 초전도 전이온도의 관계를 밝혔다. 이 연구에 의하면 같은 종류의 물질이라도 더 가벼운 동위원소를 사용하여 물질을 합성했을 때 더 높은 온도에서 초전도 전이를 볼 수 있었다. 두 번째 우연은 두 명의 이론물리학자, 존 바딘과 허버트 프뢸리히가 각각 격자의 진동이 초전도 현상의 원인이라는 이론을 만든 것이다.[8]

제2차 세계대전이 끝난 1945년, 존 바딘은 벨연구소에서 일하기 시작했다. 전화를 처음으로 상용화한 것으로 유명한 알렉산더 그레이엄 벨의 이름을 따서 만들어진 벨연구소는 물리학자들에게 꿈의 직장이었다. 존 바딘은 그곳에서 월터 브래튼과 윌리엄 쇼클리와의 공동 연구로 훗날 그에게 첫 번째 노벨 물리학상을 안겨준 트랜지스터를 탄생시킨 뒤 1951년 일리노이대학교의 교수직을 얻어 자리를 옮겼다.

앞서 두 연구팀의 동위원소 실험 결과는 발표되자마자 존 바딘의 눈을 사로잡았다. 초전도가 항상 머리 한 켠에 있던 그는 이 소식을 듣고 바로 초전도 이론에 대한 연구에 착수하여 같은 해 7월 〈전자-진동 상호작용과 초전도〉라는 논문을 발표했다. 그런데 우연히도 영국에서 활동하던 독일 출신의 물리학자 허버트 프뢸리히도 같은 주제로 논문을 발표했다. 바딘과는 독립적으로 한 연구였지만 결론은 같았다. 고체 안 원자들의 떨림이 초전도 현상과 관련이 있다는 것이다. 동위원소를 이용해서 가벼운 원자로 물질을 합성하면 원자들의 떨림은 더 빨라지게 된다. 이는 고전역학에서 용수철에 연결된 공이 가벼울수록 더 빠르게 진동하는 것과 같다. 이렇게 커진 진동수와 초전도 전이온도가 긴밀하게 관련이 있다는 주장이었다. 심지어 프뢸리히는 미국에서 발표된 동위원소 실험 결과를 접하지도 못한 상태였다. 이 발견은 올바른 초전도 이론으로 가는 첫걸음이 되었다. 원자들의 떨림, 즉 포논으로 동위원소 효과를 설명할 수 있는 바딘과 프뢸리히의 발견으로 초전도 이론의 첫 번째 조각이 맞추어졌다.

바딘은 당시 고에너지물리학에서 많이 사용되던 양자장론이라는 최신 이론이 자신의 연구에 도움이 될 것이라 생각했다. 이는 정확한 통찰이었지만 경쟁자였던 프뢸리히는 양자장론에 능숙했던 반면에, 고체물리학으로 박사학위를 받고 반도체를 주로 연구했던 바딘은 양자장론에 약했다. 이론적 기술은 짧은 시간 안에 익힐 수 있는 것이 아니었기에 그에게는 양자장론에 능숙한 동료가 필요했다. 1955년 그는 알고 지내던 이론물리학자 양전닝에게 전화를 걸어 알맞은 연구원을 추천해달라고 부탁했고, 양전닝은 당시 학계에서 주목받던 젊은 박사 리언 쿠퍼를 추천했다. 쿠퍼는 당시 고에너지물리학 이론으로 막 박사학위를 받은 참이었기에, 바딘에게 부족한 양자장론을 채워줄 수 있었다.

초전도체를 향한 물리학자들의 전방위적 공격으로 초전도의 베일이 거의 벗겨지고 있었다. 동위원소 효과 이후 또 하나의 큰 힌트가 실험을 통해 얻어졌다. 1953년 초전도체의 열역학적 특성을 측정한 실험에 따르면 초전도체의 전자구조는 전도체가 아닌 부도체와 공통점이 있었다. 전도체와 부도체의 전기 전도 특성이 다른 것은 이들의 전자구조가 다르기 때문인데, 원자 속 전자의 에너지는 2장에서 본 것처럼 불연속적인 값을 갖는다. 고체는 이런 원자들이 모여서 만드는 것이기 때문에, 그 전자구조 역시 선으로 표현되는 여러 에너지 층이 겹쳐져서 띠 형태를 보인다. 그래서 고체에서의 전자구조는 얇은 선으로 표현하기보다는 너비가 있는 띠band로 표현하고, 고체의 전자구조를 표현하는 이론을 '띠이론band theory'이라고 한다.

물질의 전기적 특성을 볼 때에는 원자의 가장 바깥쪽에 있는 전자의 성질이 중요하다. 원자핵이 잡아당기는 힘을 극복하고 가장 바깥쪽에 있는 전자가 잘 넘어다닐 수 있으면 전도체가 되고, 원자핵에 꽉 묶여 있거나 옆 원자로 가는 길이 어떤 이유로든 막혀 있으면 부도체가 된다. 띠이론에 따르면 부도체에 있는 전자는 에너지띠 사이의 간격이 넓어서 전자가 한 자리에서 다른 자리로 넘어가려면 큰 에너지가 필요하다.

이렇게 부도체에서 에너지띠 사이의 간격을 '에너지 틈gap' 또는 띠틈이라고 하며, 전자가 이보다 높은 에너지를 공급받으면 부도체에서라도 전자가 원자핵에서 벗어나 옆 원자로 넘어갈 수 있게 된다. 반면 전도체에는 에너지 틈이 없다. 따라서 에너지를 공급받지 않아도 전도체 내의 전자는 자유롭게 움직인다. 그런데 측정을 해보니 전기를 아주 잘 흘리는 초전도체에서 작은 크기의 틈이지만 에너지 틈이 발견되었다. 전도체인 금속에서는 에너지 틈이 없어야 하지만 금속이 초전도 상태에 진입하면서 아주 작은 크기의 에너지 틈이 열리는 것처럼 보인 것이다.

물질에 에너지 틈이 있다는 것은 전자가 다른 어떤 곳에 묶여 있다는 의미이다. 부도체에서 전자가 원자핵에 강하게 묶여 있어 옆으로 넘어가지 못하다가 에너지 틈보다 큰 에너지를 공급받아야만 옆 원자로 넘어갈 수 있는 상황과 같다. 그렇기 때문에 전도체인 일반적인 금속에는 에너지 틈이 존재하지 않지만, 바딘은 작은 에너지 틈이 있는 금속을 이론적으로 만들어 그 물질이 어떤 특성을 가질지 계산해보았다. 계산 결과 놀랍게도 자기장을 밀어내는 마이스너 효과와 저항이 0으로 떨어지는 성질을 모두 가질 수 있는 것처럼 보였다. 이제 이 작은 에너지 틈이 왜 생기는지만 규명하면 되었다. 이를 절벽 너머 도달해야 할 곳이 있는 상황으로 생각해볼 수 있는데,

시작과 끝은 눈에 보이지만 그 사이를 어떻게 이어야 할지 알아내야 하는 것이다. 다시 말해 초전도체에 에너지 틈이 있어야 하는 것은 확실했지만, 어떻게 생기는지 그 중간 과정을 알수가 없었다.

여기서 리언 쿠퍼의 통찰과 양자장론 기술이 빛을 발한다. 입자물리를 연구하던 쿠퍼에게 금속은 너무 정신없는 세계였다. 전자가 한두 개 있는 것이 아니라 10^{23}개 단위로 있는데, 이 많은 전자가 원자 사이를 누비고 있었고 심지어 원자핵은 가만히 있지 않고 진동하기까지 했다.

쿠퍼는 문제를 단순화시켰다. 일단 전자 두 개만 생각하기로 했다. 물리학에서는 대부분의 경우 문제를 단순화하기 위해 여러 물체가 있을 때에도 물체 하나만을 다룬다. 고체나 부도체의 특성을 설명하는 띠이론도 전자 하나의 특성만을 가지고 이론을 전개한다. 그러니 전자 두 개만 가지고 문제를 풀기 시작한 것도 나쁜 접근은 아니었다. 오히려 천재적인 접근이라고 보는 편이 맞을 것이다. 그는 전자 두 개와 격자의 진동을 고려하여 계산을 시작했다. 원래는 밀어내야 하는 두 전자 사이에 격자진동으로 작용하는 인력을 추가로 도입하니 전자가 서로 묶여 쌍을 이루는 것을 발견했다. 그리고 묶여 있는 이 두 전자를 끊어내는 데 에너지가 필요했기 때문에, 에너지 틈이 있는 것도 설명이 되었다. 쿠퍼는 이 내용을 정리해

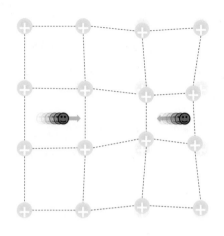

▲ 격자진동과 쿠퍼쌍.

1956년 〈피지컬 리뷰〉에 2페이지짜리 논문을 발표했다.[9] 이렇게 서로 묶인 전자를 쿠퍼의 이름을 따서 '쿠퍼쌍Cooper pair'이라고 한다.

위 그림에서 웃고 있는 입자가 전자다. 음전하를 띤 전자는 원자핵에 비해서 훨씬 가볍고 자유롭게 돌아다닐 수 있다. 플러스(+) 표시가 된 원으로 표현한 것이 양전하를 띤 원자핵이다. 원자핵은 무거운 입자로, 제자리에서 진동만 할 수 있다. 우선 이 그림에서 전자 하나가 원자핵 사이를 왼쪽에서 오른쪽으로 빠른 속도로 지나간다고 생각해보자. 전자와 원자핵은 서로 반대 전하를 띠고 있어 인력이 작용한다. 이 인력 때문에 원자핵은 전자 쪽으로 끌려가지만 몸이 무거워서 느리게 움직인다. 따라서 원자핵이 움직였을 때 이미 전자는 빠르게 옆으로 이동한 상황이다. 이렇게 되면 전자는 그 자리에 없지만, 국소적으로는 원자핵의 밀도가 높아지는 구역이 생긴다. 그곳은 다른 영역에 비해 양전하의 밀도가 높기 때문에 이미 지나간 전자와 뒤에서 따라오는 전자를 끌어당긴다. 이 상황에서 원자핵을 빼놓고 생각하면 마치 전자끼리 서로 잡아당기는 듯한 모습이 된다.

이렇게 쌍을 이룬 전자는 따로 행동하는 전자와 전혀 다른 행동을 보인다. 전자는 파울리 배타원리 때문에 다른 전자와 같은 에너지 상태를 공유하고 싶어하지 않는다. 하지만 짝을 이루어 쿠퍼쌍을 만든 경우에는 배타원리가 적용되지 않고, 모든 쿠퍼쌍이 하나의 에너지를 갖는 상태로 응축될 수 있다. 슈리퍼의 말을 인용하자면, 이 상황은 마치 수많은 커플들이 댄스홀에서 동시에 같은 음악에 맞추어 춤을 추는 모습과 같다.[10] 각자 행동하는 전자 상태일 때에는 장애물에 진로를 방해받기도 하기 때문에 전기저항이 생기지만, 응축된 쿠퍼쌍이 되면 금속 안에서 수많은 쿠퍼쌍들과 함께 움직이기 때문에 작은 장애물로는 이 흐름을 방해할 수 없게 되는 것이다. 따라서 전기는 저항 없이 흐르게 된다.

쿠퍼쌍의 발견으로 두 번째 조각까지 맞춰지면서 이제 문제는 다 풀려 초전도 이론이라는 엑스칼리버가 뽑힌 것처럼 보였지만 퍼즐의 마지막 조각이 남아 있었다. BCS 삼총사의 마지막 기사는 존 로버트 슈리퍼로, 대학원생이었던 슈리퍼는 바딘이 쓴 초전도에 관한 글에 흥미를 느껴 바딘의 연구실에 합류했다. BCS 삼총사가 결성된 것이다. 세 사람은 한 연구실에서 함께 연구했고, 바퀴 달린 의자에 앉은 채로 왔다갔다 하며 토론을 이어나갔다. 삼총사에게 연필은 창이었고, 바퀴 달린 의자는 전투마였다. 이들의 연구는 50년 가까이 풀리지 않던 문제에 도전하는 엄청난 지적 싸움의 과정이었을 것이다. 그리고 고지가 눈앞에 보이는 상황이었기 때문에 세 사람은 더 치열하게 계산을 해나갔다.

이제 남은 문제는 하나였다. 쿠퍼쌍으로 많은 부분을 설명할 수 있다 해도 그것은 전자 두 개에 해당하는 이론이었다. 이제 이 이론을 전자가 아주 많은 시스템에 적용해야 했다. 이를 위해서는 수많은 쿠퍼쌍을 표현할 수 있는 수식이 필요했다. 슈리퍼의 지도교수였던 바딘은 슈리퍼에게 핵물리학을 공부해보라고 제안한다. 핵물리학 분야에는 핵 안에 있는 여러 입자를 다루는 이론적 기술이 발달해 있었기 때문이다. 이번에도 바딘의 통찰은 정확했다. 슈리퍼는 그리 오래 걸리지 않고 수많은 쿠퍼쌍을 한번에 기술할 수 있는 수식을 찾았다. 슈리퍼는 지하철에서 떠오른 방정식을 노트에 적었고, 그 길로 바딘과 쿠퍼에게 달려가 그 수식을 보여주었다고 한다.[11] 초기 형태의 슈뢰딩거 방정식에서는 하나의 입자를 표현하기 위해 하나의 파동함수를 사용했지만, 여러 입자를 다루는 경우에는 입자 여러 개가 하나로 묶인 형태의 파동함수가 필요했다. 지금은 'BCS 파동함수'로 불리는 함수를 슈리퍼가 최초로 고안한 것이다. 이렇게 마지막 남은 세 번째 조각까지 맞춰진 BCS 이론은 1957년 발표되어 학계에서 큰 주목을 받았다. 언제나 그렇듯이 반론도 있었지만 BCS 이론은 모든 반론을 하나하나 완벽히 물리쳤다. 지금까지 발견된 모든 초전도체에서 일어나는 현상을 설명할 수 있는 이론이 탄생한 것이다.

초전도체의 모든 성질을 설명할 수 있는 이론이 나왔으니, 이제 초전도체의 성질을 예측할 수도 있게 되었다. 그중에서도 가장 뜨거운 관심은 물론 초전도체의 전이온도였다. 물질의 어떤 성질을 조절해야 되는지를 알면, 그 성질을 최적화해서 상온에서도 작동하는 초전도체를 만들 수 있을 테니까 말이다. BCS 이론에 기반하여 여러 이론물리학자가 계산한 결과, 전이온도는 두 가지 요소를 조절하면 올릴 수 있었다. 하나는 '디바이 온도Debye temperature'라고 부르는 값으로, 물질이 가질 수 있는 격자진동수 중에서 가장 높은 값과 관련이 있다. 다른 하나는 전자-포논 상호작용의 정도였다. 수식상으로는 이 두 값을 증가시킨다면 전이온도를 상온으로 올리는 것도 가능했다. 추가로 전기 전도에 관여하는 전자의 수를 늘려서 전이온도를 높일 수 있는 가능성도 있었지만, 반도체라면 몰라도 금속에서 전자의 수를 조절하는 것은 쉬운 일이 아니었다. 하지만 전자-포논 상호작용에 기반한 BCS 이론을 따라서 실제로 전이온도를 올리는 데에는 큰 문제가 있었다. 세상에 존재하는 물질은 모두 주기율표에 있는 원소들의 조합으로만 만들 수 있었기 때문이다. 주기율표에 존재하는 금속들을 아무리 조합해 계산해보아도, 도달할 수 있는 전이온도의 한계는 25K이었다.

· 핵심 정리 ·

1. BCS 이론으로 초전도 현상이 설명되었다.
2. 전자-포논 상호작용이 전자를 묶어 쿠퍼쌍을 만들고, 이 쿠퍼쌍들이 모여 응축되어 초전도 현상이 일어난다.

4
고온 초전도체

SUPERCONDUCTOR

○

마티아스 규칙과 고온 초전도체의 발견

당시 합성할 수 있는 물질에 BCS 이론을 적용해본 결과 초전
도 전이온도는 25K 수준이 한계였다. 하지만 실험물리학자들
은 전이온도가 더 높은 초전도체를 찾는 사냥을 멈추지 않았
다. 물질은 워낙 복잡해서, 실험에 따르면 이론이 맞지 않는
경우도 더러 있었고 예상하지 못한 발견을 할 가능성도 있었
기 때문이다. 주기율표에 있는 원소는 백 가지가 넘고, 이들의
조합은 사실상 무한대로 가능하다. 과학자들은 계속해서 고온
초전도체라는 보물 사냥에 나섰는데, 전에는 어둠 속에서 사
냥을 했다면 이제는 BCS 이론이라는 도구가 있었다.

　당시 고온 초전도체 사냥에 가장 성공적이었던 과학자는 벨

연구소에서 일하던 독일 출신의 물리학자 베른트 마티아스였다. 그는 이론을 신봉하지 않는, 물질을 합성하는 화학자에 가까운 하드코어 실험물리학자로, 그에게 중요한 것은 이론이 아니라 직접 물질을 만들어보고 그 성질을 확인하는 것이었다. 그는 일생 동안 말 그대로 수천 가지의 신물질을 합성하고 그 특성을 정리했는데, 그중에는 수백 가지가 넘는 초전도체도 포함되어 있다. 그는 이 경험을 바탕으로 초전도체를 찾는 여섯 가지 규칙을 만들었고, 많은 과학자들도 이 규칙을 지침으로 삼아 초전도체를 찾아나섰다. 마티아스의 규칙은 다음과 같다.

대칭성이 높은 구조를 가질 것.
전자 상태 밀도가 높을 것.
산소를 피할 것.
자성을 피할 것.
부도체를 피할 것.
이론물리학자를 피할 것.

하지만, 이 규칙은 법칙이 아니었다. 오너스의 발견 후 75년이 지난 시점에도 BCS 이론에서 제시한 초전도 전이온도의 장벽 25K은 깨지지 않았다. 그때까지 발견된 모든 초전도체

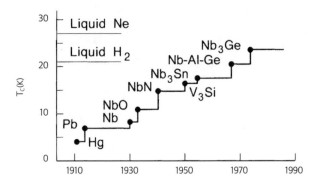

▲ 고온 초전도 발견 이전의 전이온도.(베드노르츠 & 뮐러의 노벨 강의 자료)

도 BCS 이론과 마티아스 규칙을 충실히 따르는 듯했다. 보통
은 이런 상황에서 편안함을 느끼기 마련이다. 모든 것이 예상
가능한 범위 안에 있었고, 더 이상의 서프라이즈는 없는 듯했
기 때문이다. 연도에 따라 전이온도의 증가를 그린 위 그래프
에서 당시의 상황을 볼 수 있는데, 여러 금속을 조합하여 만든
초전도체의 전이온도는 BCS 이론이 예측한 값 25K에 수렴하
고 있었다.

한편 스위스 취리히에서는 마티아스의 규칙을 완전히 무시
한 연구가 진행되고 있었다. 당시 스위스의 한적한 마을 뤼슐
리콘에 있는 IBM 취리히 연구소에는 20년 넘게 금속 산화물
을 연구해온 부서가 있었다. 이 연구소에서 특히 집중적으로
연구하고 있던 물질은 스트론튬, 티타늄, 산소를 1:1:3의 비율

로 조합해 만든 스트론튬 티타네이트(SrTiO$_3$)였다. 간단히 'STO'라고 부르는 이 물질은 산화물이지만, 산소 원자 일부를 빼내거나 불순물로 니오븀(Nb) 금속을 넣으면 전기가 흐르는 전도체로 변하는 성질이 있었다. 산화물 중에서는 드물게 반도체와 같은 특성을 보였기에, 반도체를 연구하던 회사 IBM에게 STO는 응용 가능성이 있는 흥미로운 물질이었다.

　IBM 연구소의 알렉스 뮐러는 계속 새로운 초전도체가 발견되는 상황에 관심이 있었는데, 마침 고압에서 금속 상태의 수소를 구현할 수 있다면 높은 온도에서도 초전도 현상이 나타나리라는 이론적 예측이 발표되었다. 용수철에 연결된 물체가 가벼울수록 빠르게 진동하는 것처럼, 원자의 질량이 작을수록 격자도 빠르게 진동할 수 있다. 수소는 원소 중에서 가장 가볍기 때문에 수소로 만든 격자는 다른 원자로 이루어진 격자보다 빠르게 진동할 수 있고, 그렇기 때문에 높은 전이온도를 기대할 수 있다는 것이다. 뮐러는 수소를 고압으로 눌러서 금속 상태로 만드는 대신, STO 안에 가두어 금속 상태로 만드는 방안을 생각해냈지만 계산 결과 이는 불가능한 것으로 결론이 나서 이 계획은 무산되었다. 수소를 활용할 수는 없었지만, STO를 사용한다는 그의 발상이 전혀 터무니없는 것은 아니었다. STO에서 산소를 일부 제거하여 전도체로 만들고 온도를 내리면 초전도체가 된다는 보고가 있었기 때문이다.

전이온도는 0.3K에 불과했지만 분명히 초전도체였다. 이후 독일의 물리학자 게오르크 베드노르츠는 STO에 니오븀 불순물을 추가해서 여전히 매우 낮은 온도이긴 했지만 0.3K에서 네 배 올라간 1.2K까지 전이온도를 올려 그 결과를 1980년 10월 〈피지컬 리뷰 레터〉에 발표했다.[1]

이를 계기로 1983년 뮐러는 본격적으로 산화물에서 초전도 현상을 찾는 팀을 꾸렸다. 산화물 중에서도 티타늄, 니켈, 구리, 코발트 등 '전이 금속'으로 불리는 금속의 산화물을 연구하는 일이었다. 전이 금속 산화물은 불순물을 넣었을 때 부도체가 전도체로 바뀌거나 자성을 띠는 등 흥미로운 성질들을 보여서 지금도 많이 연구되는 물질군이다. 당시 IBM에서 일하고 있던 베드노르츠도 뮐러의 제안을 받고 연구에 참여하게 된다. 그런데 앞서 나온 마티아스의 규칙을 하나하나 살펴보면 산화물에서 고온 초전도체를 찾는다는 발상은 전혀 말이 되지 않는다.

대칭성이 높은 구조를 가질 것. → 불순물을 집어넣은 산화물의 구조는 대칭성이 낮다.

전자 상태 밀도가 높을 것. → 금속에 비해서 산화물은 전자 상태 밀도가 낮다.

산소를 피할 것. → 산화물에서 제일 큰 비중을 차지하는 것이 산소이다.

자성을 피할 것. → 전이 금속 산화물은 다양한 자성을 보이는 것으로 유명하다.

부도체를 피할 것. → 산화물은 부도체인 경우가 많으며, STO도 부도체이다.

마지막 규칙인 이론물리학자를 피하라는 것은 베드노르츠와 뮐러가 잘 지킨 것 같다. 특히 그들은 당시 주류를 이루고 있던 이론물리학을 따르지 않았는데, 이미 주류 이론으로 도달할 수 있는 초전도 전이온도는 한계에 도달했다고 생각하며 자신들만의 연구를 이어갔다. 물론 이들도 과학자이기 때문에 모든 이론을 무시한 것은 아니다. 지금은 초전도 현상과 큰 상관이 없는 것으로 밝혀졌지만, 자신들이 믿는 다른 이론을 기반으로 산화물에서 초전도 물질을 탐색해나갔다. 당시 이들의 생각은 주류 이론과는 너무 떨어져 있어서, 스스로도 주변에는 알리지 않고 몰래 실험을 할 정도였다고 한다. 너무 대담한 주장이었고 연구비도 넉넉하지 않아서 작은 규모로 연구를 진행할 수밖에 없었다. 그럼에도 그룹이 꾸려지고 얼마 지나지 않아, 이들의 실험실에서는 물리학의 역사에 한 획을 긋는 일이 일어났다. 새롭게 합성한 물질에서 초전도 현상이 나타났는데, 전이온도가 이론적 한계였던 25K을 넘어 35K

가까이 되었던 것이다. 란타넘(La)-바륨(Ba)-구리(Cu)-산소(O) 네 가지 원소가 조합된 화합물이었다. 그들은 맥주 한두 잔으로 이 발견을 축하했다.[2]

1986년 발견 직후 베드노르츠와 뮐러는 실험 결과를 정리하여 논문을 제출했다. 새로운 시대를 여는 발견이었음에도 그들은 독일어로 출간되는 학술지 〈물리학 저널 B〉에 투고했다. 물리학계에서 가장 권위 있는 저널인 〈피지컬 리뷰 레터〉에 투고할 수 있었음에도 그들이 독일어 저널에 제출한 데에는 여러 이유가 있었다. 첫째는 제출부터 출판까지 걸리는 시간이 짧았기 때문이다. 지금도 그렇지만 〈피지컬 리뷰 레터〉는 당시에도 심사 과정이 오래 걸렸기에 결과를 빠르게 출판하기 위해서는 작은 학술지에 제출해야 했다. 둘째로는 잘못된 결과에 대한 우려였다. 초전도와 관련해서는 워낙 잘못된 결과들이 많았다. 당시에도 '미확인 초전도 물체Unidentified Superconducting Object', 줄여서 USO라고 부르는 잘못된 결과가 많았기에, 이들은 크게 광고하기보다는 작은 저널에 먼저 투고하기로 했다.

한계 값에서 겨우 10K 정도 올라간 것이 그렇게 대단한가 의문이 들 수 있다. 하지만 이 발견을 시작으로 이후에 비슷한 구조와 조성을 가진 수많은 고온 초전도 물질이 발견된다. 이들의 발견이 있기 전까지, 초전도 연구는 마치 뚜껑이 닫힌 병

속에서 뛰고 있는 벼룩과 같았다. 이론이 제시한 단단한 뚜껑이 더 높은 온도에서는 초전도 현상이 일어나지 않을 것처럼 연구를 막고 있었다. 베드노르츠와 뮐러의 발견은 이 뚜껑을 단숨에 열어주었다. 그리고 그로부터 불과 몇 달 만에 전이온도는 100K을 향해 달려갔다.

• 핵심 정리 •

1. 1986년, 스위스 IBM 연구소의 베드노르츠와 뮐러는 기존 이론의 한계를 뛰어넘는 35K의 전이온도를 가진 고온 초전도체를 발견했다.
2. 이 발견으로 고온 초전도체 연구가 폭발적으로 발전했다.

이트륨이냐 이터븀이냐, 그것이 문제로다

새로운 초전도 물질인 La-Ba-Cu-O는 합성하기 쉬운 물질이었다. 각각의 원소를 포함하는 재료를 잘 섞어서 뭉쳐준 후 오븐에 장시간 구우면 간단하게 만들 수 있었다. 초전도의 핵심은 산화구리였고, 이 두 원소만 고정해놓고 다른 원소의 종류나 비율을 바꾸어 전이온도가 다른 화합물을 만들 수 있었다. 그래서 이런 물질군을 '구리산화물 초전도체' 혹은 '구리계 초전도체'라고 한다.

첫 번째 구리계 초전도체가 발견되고, 으레 그렇듯이 회의적인 시선이 있었다. 워낙 미확인 초전도 물체가 많았고, 이 실험도 재현되지 않을 가능성이 있었기 때문이다. 게다가 전기도 잘 통하지 않는 산화물에서 초전도 현상이 나타났다니 믿을 수 없는 일이었다. 검증을 위해 전 세계의 많은 연구자들이 비슷한 조성으로 물질을 합성하기 시작했다. 베드노르츠와 뮐러도 화합물의 품질을 개선하려고 노력했다. 처음 발표한 논문에서는 35K부터 초전도 상태를 보이며 저항이 줄어들다가 10K 언저리에서 저항이 완전히 0이 되었지만, 합성 조건을 개선하여 저항이 날카롭게 떨어지는 시료를 만들 수 있었다. 몇 달도 지나지 않아 중국의 한 연구팀에서는 조성을 조금 바꾸어 전이온도 40K을 넘겼다는 발표를 했다. 화학적 방법 외에도 고압으로 초전도 물질을 누르면 전이온도가 조금 상승하는데, 이 물질도 고압 조건에서 실험하니 전이온도가 금방 50K을 넘어갔다.

전이온도 50K은 BCS 이론이 제시한 기존 한계의 두 배에 달하는 값이지만, 상용화하기에는 여전히 어려운 온도였다. 이 온도에서 초전도체를 작동하기 위해서는 액체헬륨이 필요했는데, 액체헬륨은 지금도 100리터에 수백만 원에 달하는 귀한 자원이다. 상용화하기 위해서는 생수와 가격이 비슷한 액

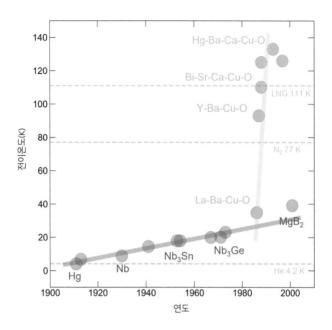

▲ 격자진동에 의해 초전도를 띠는 BCS 초전도체(파란색)와 구리산화물 초전도체(붉은색)의 전이온도.

체질소를 사용할 수 있는 77K 이상의 전이온도를 갖는 물질을 합성해야 했다(이런 가격 차이 때문에 실험실에서는 액체 헬륨과 액체질소를 위스키와 물에 비유하곤 한다).

그러던 중 1986년 말에 미국 휴스턴대학교 교수인 폴 추의 연구팀에서 90K이 넘는 온도에서 초전도성을 보이는 물질을 발견했다는 소문이 들려왔다. 폴 추는 대만에서 대학을 마치

고 미국으로 넘어와 교육을 받은 과학자로, 베른트 마티아스가 교수로 재직하던 캘리포니아대학교 샌디에이고 캠퍼스에서 박사학위를 받았다. 진짜 90K이 넘는 영역에서 초전도를 보였다면 트랜지스터 발견 이후 최대의 파급력을 가질 만한 발견이었다. 소문에 의하면 네 가지 원소 중 첫 번째 원소가 란타넘(La)이 아닌 이터븀(Yb)으로 이루어진 화합물이라고 했다. 1987년 3월 공식적인 논문이 〈피지컬 리뷰 레터〉에 발표될 때까지 전 세계의 물리, 화학, 재료공학 등 물질과 관련된 연구를 하는 모든 그룹이 그 결과를 따라하고자 밤새워 실험을 했다. 하지만 어쩐 일인지 실험 결과가 재현되지 않았다.

출판된 논문을 보니 그 원소는 이터븀이 아니라 이트륨(Y)이었다. 폴 추는 논문을 제출할 당시에는 물질의 조성을 Yb-Ba-Cu-O로 작성했다가, 출판되기 2주 전에 올바른 조성을 찾아서 바꾸었다고 했다. 이 물질이 바로 YBCO이다. 그의 결과를 따라잡고자 이터븀을 넣어 시료를 만들며 밤을 샜던 수많은 연구자들의 노력이 사실은 시간 낭비였던 셈이다. 이 사건에는 여러 문제가 얽혀 있다. 우선 보안과 유출 문제를 들수 있다. 이 발견은 학계에서뿐만 아니라 산업계에서도 엄청난 가치를 예상하고 있었기 때문에 폴 추는 논문을 제출하면서 보안에 각별히 신경을 써달라고 당부했는데, 논문을 제출한 후 조성이 유출된 것이다. 정황상으로는 논문을 받은 학술지에서의 유출이 의심됐지만, 당연히 〈피지컬 리뷰 레터〉는 근거 없는 이야기라며 이 의혹을 일축했다.

유출도 잘못이지만, 애초에 올바르지 않은 조성으로 논문을 작성한 것도 논란이 되었다. 연구팀에서는 단순한 오타라고 했지만, 물질을 연구하는 과학자가 역사적으로 중요한 발견을 했다고 확신한 상태에서 논문을 여러 번 검토했을 텐데도 불구하고 이터븀과 이트륨을 잘못 적었다는 것은 그다지 설득력이 없었다. 그래서 일부에서는 조성 유출을 염려해 일부러 Y를 Yb로 수정했다고 의심하기도 한다. 어찌되었든 논문은 올바른 조성으로 출판되었다. 논문이 출판된 후 구리계 초전도체 열풍이 불기 시작했다. 폴 추는 고상반응법solid state reaction으로 가루를 섞어 구워서 시료를 만들었는데, 실제로 만들어진 물질에 어떤 원소가 들어 있는지는 알았지만 그들 간의 정확한 비율은 알지 못했다. 또한 물질 내 원자들의 배열인 격자 구조도 모르는 상황이었다. 폴 추의 발표에 가장 빨리 반응한 곳은 벨연구소였다. 벨연구소에서는 정확히 밝혀지지 않았던 이 조성과 원자 구조를 밝혀내어 논문을 출판했다.

1987년 3월 18일에 열린 미국 물리학회의 초전도 세션은 알렉스 뮐러, 폴 추, 그리고 벨연구소 연구진이 발표자로 참석할 예정이었다. 그중에서도 불과 며칠 전 논문으로 발표된 폴 추의 발견이 가장 뜨거운 화제였다. 뉴욕의 힐튼호텔에서 열린 이 학회에는 전례 없는 인파가 몰렸다. 학회 시작 전부터 문 앞에는 약 2000명의 사람들이 줄을 섰다. 1100명까지 수용할 수 있었던 연회장에는 2000명의 인파가 몰려 바닥에 앉거나 서서 발표를 들었다. 연회장 바깥에서도 발표를 중계했는데, 이 장소에도 1800명의 관객이 몰렸다고 한다. 이 장면이 마치 록 콘서트를 방불케 해서, 지금도 이때의 학회를 '물리학의 우드스톡'이라고 부른다.[3]

미국 물리학회는 초청 발표나 기조 연설이 아닌 이상, 전통적으로 발표 시간이 10분으로 매우 짧은 편이다. 그날 총 51개의 발표가 진행되었는데, 각 발표에 10분씩만 할애한다고 해도 8시간 반이었다. 발표가 너무 많아서 주최측에서는 뮐러와 폴 추에게 각각 10분의 시간을 주고 나머지 발표자에게는 5분만 할애하기로 약속했다. 그러나 학회에 가본 사람이라면 알겠지만, 이렇게 열띤 학회에서 시간 제한은 무의미하다. 계속되는 토론으로 예정과 달리 학회는 새벽 3시가 넘도록 진행되었다.

이날을 기점으로 고온 초전도체에 대한 연구는 날개를 단다. 정부 기관과 기업의 연구비가 고온 초전도체에 몰렸고, 자원이 몰리는 곳에 언제나 그렇듯이 인재들이 몰렸다. 마치 현재 인공지능과 양자컴퓨터가 그렇듯이, 당시에는 고온 초전도체가 가장 핫한 주제였다. 사람들은 초전도체가 바꿀 핑크빛

미래를 그렸다. 그리고 베드노르츠와 뮐러는 학회가 열린 그 해 10월에 노벨 물리학상을 받았다. 1986년에 관련 논문이 발표되고 바로 다음해였으니, 당시 노벨상을 받기까지 논문 발표 후 평균 20년이 걸렸다는 통계를 생각해보면 그 시절 고온 초전도체가 얼마나 뜨거운 관심을 받았는지 가늠해볼 수 있다.

• 핵심 정리 •

1. La-Ba-Cu-O가 발견된 바로 다음해에 90K이 넘는 온도에서 초전도를 보이는 Y-Ba-Cu-O가 발견되었다.
2. 연이은 두 발견은 물리학계에 초전도 열풍을 일으켰다.

미확인 초전도 물체

늦은 시간까지 실험을 하다가 하늘을 바라보면 반짝이는 별들이 보인다. 대기의 흔들림 때문에 반짝이는 진짜 별빛이 있는가 하면, 천천히 하늘을 가로지르는 비행기에서 나오는 불빛이 보이기도 하고, 별과 구분하기 어려운 인공위성에서 나오는 불빛이 보이기도 한다. 심심할 때는 하늘을 뚫어져라 바라보며 혹시라도 미확인 비행 물체인 UFO가 지나가지 않을까 재미있는 상상을 하기도 한다. 지구보다 수천 년 이상 더 발달한 문명에서 혹시 물리학 난제에 대한 실마리를 던져주지 않을까 하고 말이다.

어렸을 때에는 외계 탐사에 대한 동경이 있어서, 부모님 몰래 외계 지적생명체 탐사(SETI) 프로젝트에 당시 사용하던 컴퓨터의 소중한 연산 능력을 공유해주기도 했다. 초등학교 시절 외계인과 UFO가 한참 유행할 때에는 UFO 목격담이 심심치 않게 들려왔고, 일부 방송에서는 UFO를 다룬 다큐멘터리를 만들기도 했던 기억이 난다. 심지어 미국 정부가 외계인을 납치해서 실험을 하는 시설이 따로 있다는 근거 없는 말들도 있었다. 하지만 대부분의 UFO 제보는 날아다니는 다른 물체를 오인하거나, 이슈 몰이를 위해서 조작된 경우였다.

초전도 연구 분야에도 이 UFO와 같은 존재들이 있다. 앞에서 잠깐 언급한 USO라고 불리는 미확인 초전도 물체이다. 구리계 초전도체가 처음 발견될 당시 활발히 활동하던 도쿄대학교의 기타자와 고이치 교수가 만든 이 단어는 '거짓말'이라는 뜻의 일본어 '우소ぅそ'를 연상시키는데, USO는 대략 200K에서 400K 사이에서 전기저항이 뚝 떨어지는 현상을 보이지만 다시는 재현되지 않는다. 쉽게 말하면 대박인 줄 알았더니 쪽박인 상황이다.

고온 초전도체가 '핫'했을 당시에는 USO에 대한 제보가 하루가 멀다 하고 일어났다. 단순히 연구 초보자들에게만 일어난 일이 아니다. 베테랑 연구자들도 이런 USO를 제보하기도 했다. 하지만 실험이 잘못된 경우이거나 초전도 현상이 아닌 다른 물리적 현상을 초전도로 오인한 경우가 대부분이었다. 뒤에 살펴보겠지만 악의를 가지고 데이터를 조작한 경우는 많지 않았다. 이렇게 많은 USO가 있었기 때문에, 상온 초전도체를 발견했다는 소식은 마치 늑대가 나타났다는 양치기 소년의 말처럼 학계에서는 쉽게 받아들여지지 않았다.

그런데 USO는 왜 그렇게 많이 목격되었을까? 몇 가지 이유가 있다. 우선 USO로 보고된 시료들은 대부분 가루 형태의 재료를 섞어서 틀에 찍어내 고온에 구워 만드는 고상반응법으로 만들어진 세라믹 시료이거나, 나노 입자로 이루어진 균일하지 않은 시료이다. 균일하지 않은 시료의 전기저항을 측정하는 것은 예나 지금이나 어려운 일인데, 우선 전선이 시료에 제대로 붙어 있지 않을 가능성이 있다. 예를 들어 밀가루를 단단히 뭉쳐서 시료를 만들고 거기에 전선을 붙인다고 생각해보자. 제대로 전선을 붙이지 않으면 금방 떨어지거나 전선이 쉽게 움직일 것이 뻔하다. 이렇게 불안정한 상황에서 측정을 하면, 전선이 온도에 따라서 붙었다 떨어졌다 하면서 이상한 전기신호를 만들어낼 수 있다. 측정 장비는 안정적인 상태에서 정확한 값을 내놓도록 설계되었기 때문에, 이렇게 불안정한 상황에서는 물리학적으로는 말이 안 되는 환상의 값을 내놓을 수 있다.

시료에 전선을 제대로 연결했다고 해도 여전히 문제는 있다. 이런 형태의 시료에서는 전기가 어떤 길을 따라서 가는지 알 수 없기 때문에 측정을 통해서 얻은 전기저항이 실제 시료 전체의 특성을 대변한다고 하기 어렵고, 온도에 따라서 시료가 수축하거나 팽창하면서 예상하지 못한 경로로 전류가 움직여 전기저항에 이상 신호를 만들어낼 수 있다. 단순히 시료의 수축과 팽창뿐만 아니라 시료에 불순물이 섞인 경우에도 이상한 신호를 만들어낼 수 있는데, 특히 시료에 물이 섞여 있을 때 그렇다. 물의 어는점인 273K 그리고 물의 끓는점인 373K에서 시료 안에 숨어 있던 물이 갑자기 얼거나 증발할 수 있는 것이다. 이렇게 되면 시료 내부의 구조가 갑자기 바뀌면서 이상 신호가 만들어질 수 있다. 그 밖에 공기 중에 존재하는 다양한 기체가 시료 안에 갇혀 있는 경우에도 저온에서 상태변화하면서 이상한 신호를 만들어낼 수 있다.

보통 USO는 학계 내부에서 공유되다가 소리 소문 없이 묻히지만, 신중한 과학자들은 학술지나 학회에 '특이점'을 관찰했다는 식으로 발표해 동료들의 의견을 구한다. 최근 몇 년 사이에는 동료평가 없이 연구 결과를 공유할 수 있는 아카이브 arXiv.org라는 공간에서 몇몇 USO가 논문으로 공개되기도 했다. 내가 학위를 하던 중에도 두 가지 흥미로운 USO가 공개

되어 여기서 소개하고자 한다.

하나는 2016년 '373K-슈퍼컨덕터스'라는 개인 연구소에서 발표한 USO이다. 아카이브에 올라온 논문의 저자 이반 코스타디노프는 물의 끓는 온도인 373K에서 초전도 현상을 보이는 물질을 발견했다고 주장했다. 373K에서 날카롭게 떨어지는 저항, 반자성 현상을 보여주는 측정 결과, 심지어는 터널링 실험을 통해서도 초전도 특성을 확인했다고 주장했다.

연구소 홈페이지와 논문에서 찾아볼 수 있는 공중 부양하는 사진과 영상을 보면 시료의 한쪽 부분만 떠 있는 것을 볼 수 있다. 홈페이지의 해당 영상에서는 열 개가 넘는 시료를 자석 위에 올려놓는데, 모두 이와 같은 형태를 보인다. 개인 회사이기 때문에 시료를 판매할 가능성도 있는데, 홈페이지에서는 고품질의 상온 초전도체를 우주 여행자들에게 모두 팔았기 때문에 현재는 시료를 살 수 없다고 한다. 혹시 궁금한 독자는 홈페이지를 방문해보아도 좋겠다.

두 번째는 2018년 인도에서 발표한 USO이다. 은나노 입자를 금 위에 잘 정렬하면 상온에서 초전도 현상을 보인다는 결과가 아카이브에 올라왔다. 논문에 실험 결과도 많아 나를 포함한 많은 사람이 재미 반, 진심 반으로 지켜보던 연구였다. 하지만 뒤이어 데이터 조작을 의심하는 반박 논문이 나왔고 관심은 바닥으로 떨어졌다. 해당 연구팀에서는 계속 연구를 하고 있는 것으로 보이지만 한번 잃어버린 신뢰 때문인지 이들의 결과는 여전히 학계에서는 받아들여지고 있지 않다. 아마도 더 많은 증거가 있어야 동료 연구자들을 설득할 수 있을 것 같다.

2023년 여름 우리나라에서 크게 화제가 되었던 상온 초전도체 LK-99 논문도 아카이브에 있다. 이 논문에서는 전이온도가 400K에 달하는 물질을 합성했다고 했지만 이후 확실한 재현은 되지 않는 것 같다. LK-99를 보면 시료의 모습이나 자석 위에 절반만 떠 있는 모습이 앞에서 소개한 373K-슈퍼컨덕터스의 자료를 연상시킨다. 처음에는 굉장한 주목을 받았지만, 이 글을 쓰고 있는 현재까지 별다른 소식이 없는 것을 보면 아마 LK-99도 USO가 아닐까 하는 생각이 든다.

이런 USO는 과학의 아주 작은 단면임을 기억하자. 과학자의 일은 검증된 이론에 기반하여 새로운 가설을 세우고 이를 다시 검증하는 과정의 반복이다. 현재 받아들여지고 있는 결과들은 수백 수천 명의 과학자들에 의해서 재현, 입증된 과학적 사실들이다. 지루한 과정이라고 생각할 수 있지만, 이것이 과학 지식을 정립해가는 방법이다. 가끔은 그 과정에서 크고 작은 예상하지 못한 발견이 일어나기도 하기 때문에, 과학자들은 자연에 대해 다시 겸손해지고 힘을 내서 새로운 설명을 찾아나선다.

하지만 구리계 초전도체는 USO가 아니었다. 처음에 베드노르츠와 뮐러도 자신들의 결과가 USO가 아닐까 우려했지만, 그 후로 수없이 많은 실험으로 재현되었고, 최초의 화합물에 기반하여 여러 물질이 새로 합성되어 이제는 엄연히 한 분야로 정립되었다.

· 핵심 정리 ·

1. 초전도 현상처럼 보이는 것이 관찰되었다가, 다시는 재현되지 않는 현상을 미확인 초전도 물체(USO)라고 한다.

구리계 초전도체의 구조와 다양한 조성

물리학을 처음 배울 때는 대개 물체 한 개의 운동을 먼저 계산한다. 상자가 마찰이 없는 빙판 위를 미끄러져 갈 때의 속도를 계산하거나, 공을 던졌을 때 그리는 포물선 궤적을 계산하는 식이다. 조금 더 수련을 거치면 두 물체의 상호작용을 계산할 수 있게 된다. 공 두 개가 서로 충돌하여 튕겨나가는 궤적을 계산하거나, 지구와 태양 사이의 중력을 이용해서 공전하는 지구의 속도를 계산할 수 있다. 하지만 물체의 수가 세 개로 올라가면서부터, 문제는 손으로 풀기 어려워지고 컴퓨터를 활용해야 한다. 이렇게 물리 문제는 대상의 개수가 늘어날수록 기하급수적으로 난도가 증가한다. 그런데 고체는 10^{23}개 단위의 많은 원자들이 서로 단단하게 결합하여 만들어진 물질이다. 이렇게 많은 원자로 구성된 대상의 특성을 연구하려면 어떻게 해야 할까?

물리학에서 복잡하고 계산량이 많은 문제는 단순화시켜 푸는 것이 중요하다. 이 단순화 과정에서 물리학자가 주로 사용하는 개념이 대칭성이다. 일상에서 대칭이라고 할 때에는 열에 아홉, 아니 어쩌면 그 이상의 확률로 좌우 대칭을 이야기하는 것 같다. 종이에 여러 색의 물감을 짜고 반으로 접었다 펴면 볼 수 있는 그림이 좌우 대칭의 완벽한 예이다. 하지만 이런 그림의 경우 왼쪽에 있는 그림이 오른쪽 그림과 완전히 같다고는 할 수 없다. 거울에 반사시킨 것처럼 좌우가 바뀌어 있기 때문이다. 이렇게 거울에 반사된 것 같이 좌우가 바뀐 것만 빼고 모두 같은 좌우 대칭을 학술적으로는 거울 대칭이라고 한다.

수학적으로 대칭은 대상에 어떤 작용을 가했을 때 대상이 바뀌지 않는 것을 뜻한다. 예를 들어 책상 위에 정사각형 모양의 메모지가 놓여 있다고 해보자. 우리가 다른 곳을 보고 있는 사이에 누군가 이 종이를 90도 회전해놓았다. 다시 이 메모지를 봤을 때 우리가 어떤 변화를 알아챌 수 있을까? 아마도 전혀 알아채지 못할 것이다. 이런 상황에서 이 종이는 수학적으

로 90도 회전에 대한 대칭성
이 있다고 한다.

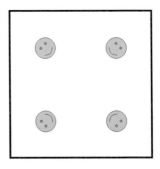

　이제 이 종이에 약간 변화
를 줘보자. 옆의 그림처럼 종
이를 네 부분으로 나누어서,
각 사분면에 전체 종이를
90도씩 돌려도 바뀌지 않을
방향으로 똑같은 스마일 네 개를 그려보자. 이 경우에도 이 종
이는 여전히 90도 회전에 대한 대칭성을 가지고 있다. 이렇게
90도 회전에 대해서 변하지 않는 것을 4번 회전해도 변하지
않는다고 하여 4회 대칭성4-fold symmetry이 있다고 말한다. 어
떤 문제를 풀 때 이렇게 4회 대칭성이 있다면 전체 면적의
4분의 1만 계산하고 복제하면 되기 때문에 계산의 양을 4분
의 1로 줄일 수 있다.

　물리학자가 고체를 연구할 때에도 이런 대칭성을 활용한다.
고체 연구에서 가장 많이 사용되는 대칭은 평행이동 대칭이
다. 다음 그림처럼 노랑, 초록, 파랑 스마일이 들어 있는 사각
형이 무한히 반복되는 구조가 있다고 해보자. 우리가 파랑 스
마일에 초점을 맞추고 있다가, 잠시 딴 곳을 보고 있을 때 누
군가가 이 구조를 그림에 보이는 화살표만큼 평행이동시켰다.
눈을 돌려 다시 파랑 스마일을 바라보아도 우리는 그 전과 전

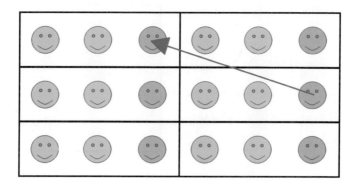

혀 차이를 느낄 수 없을 것이다. 어차피 상하좌우로는 같은 구조가 반복되어 있고, 우리 초점에는 여전히 파랑 스마일이 있을 것이기 때문이다. 이런 상황에서는 세 스마일이 들어 있는 구조의 최소 단위인 사각형 하나만 살펴보는 것이 문제를 간단히 해결하는 방법일 수 있다.

고체는 원자가 반복되는 구조로 이루어져 있기 때문에 이런 평행이동 대칭성을 활용할 수 있다. 구리산화물 초전도체라고도 부르는 구리계 초전도체는 이름에서도 유추해볼 수 있듯이 구리와 산소가 필수 요소인 화합물인데, 가장 간단한 형태도 구성 원소가 네 가지인데다가 전체 구조도 매우 복잡하다. 그러니 구리계 초전도체의 구조를 보기 전에 IBM 취리히 연구소에서 연구했던 가장 간단한 형태의 물질인 스트론튬 티타네이트($SrTiO_3$), 즉 STO의 구조를 먼저 보는 것이 도움이

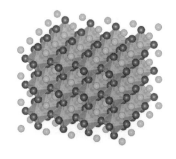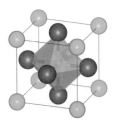

▲ 스트론튬 티타네이트(SrTiO₃)의 구조.

될 수 있겠다.

STO는 위 그림의 왼쪽처럼 스트론튬, 티타늄, 산소 원자가 무한히 반복되는 구조를 가지고 있다. 여기에서 가장 기본이 되는 구조를 골라내면 그림의 오른쪽에 있는 아름다운 구조를 얻을 수 있다. 중앙에 금속 원자 티타늄이 있고 그 주위를 산소 원자가 정팔면체를 이루면서 감싸고, 다시 그 주위를 정육면체 형태로 스트론튬 원자가 감싸고 있는 구조다. 이런 구조를 '페로브스카이트perovskite 구조'라고 한다.

구리산화물 초전도체도 이와 비슷하지만 훨씬 더 복잡한 여러 가지 구조를 가지고 있다. 다음 그림에 지금까지 발견된 구리산화물 초전도체 중 일부의 구조를 그려놓았다. 복잡한 그림이지만 여기에서 공통으로 찾을 수 있는 것이 있다. 바로 구리와 산소로 만들어진 CuO₂ 층이다. 구리계 초전도체는 이

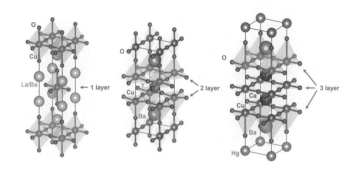

▲ 구리산화물 초전도체의 격자 구조.

층의 개수를 기준으로 분류한다. 우선 베드노르츠와 뮐러가
발견한 La-Ba-Cu-O는 그림의 왼쪽에 있는 CuO_2 한 층으
로 만들어진 물질이다. 가운데 그림이 폴 추가 발견한 Y-Ba-
Cu-O의 구조이다. 오른쪽은 현재 구리계 초전도체 중 가장
높은 전이온도를 갖는 Hg-Ba-Ca-Cu-O의 구조이다.

어떻게 이런 복잡한 구조를 알아냈을까? 물질의 구조는 엑
스선 회절 실험으로 밝힐 수 있다. 엑스선은 파장이 아주 짧아
서 원자 사이의 거리와 비슷한 수준이다. 따라서 엑스선을 고
체 물질에 쪼여준 후 맺힌 상의 무늬를 분석하면 물질의 격자
구조를 밝힐 수 있다. 엑스선을 활용하면 DNA와 같이 많은
원자로 이루어진 매우 복잡한 구조도 밝힐 수 있기 때문에, 한
단위 격자에 열 개 정도의 원자만 포함되어 있는 구리계 초전

도체의 구조를 밝히는 것은 그리 어려운 일이 아니다.

절대적인 법칙은 아니지만, 구리계 초전도체의 구조와 관련해서 흥미로운 사실이 하나 있다. CuO_2의 층 수가 늘어날수록 전이온도가 올라간다는 사실이다. 단일 층으로 이루어진 베드노르츠-뮐러의 초전도체는 전이온도가 40K 정도이고, 폴 추가 발견한 산화구리 층이 두 개 있는 물질은 90K 정도, 그리고 2024년 현재 최고 기록인 130K을 보유하고 있는 수은이 들어간 화합물은 세 개의 산화구리 층을 가지고 있다. 그렇다면 계속 층을 늘리면 전이온도를 올릴 수 있지 않을까? 하지만 자연은 그렇게 호락호락하지 않다. 지금까지의 연구 결과를 보면 CuO_2의 층이 세 개 이상으로 넘어가면 다시 전이온도가 떨어지는 것으로 보인다. 전이온도를 올리는 데에는 단순히 층 수를 늘리는 것보다 더 복잡한 원리가 숨어 있는 것 같은데, 아직 그 정확한 원리는 밝혀지지 않은 상황이다.

• 핵심 정리 •

1. 고체를 연구할 때에는 평행이동 대칭성을 이용하여, 하나의 단위 격자를 본다.

2. 구리산화물 초전도체의 단위 격자는 구리산화물 층의 개수로 분류한다.

고온 초전도체를 탐험하기 위한 안내도

마티아스의 여섯 가지 규칙 중에는 부도체를 피하라는 규칙이 있었지만, 베드노르츠와 뮐러는 부도체에서 시작하여 초전도체로 가는 길을 찾았다. 베드노르츠와 뮐러가 찾은 길은 전에는 개척된 적 없는, 초전도를 연구하는 사람들에게는 오히려 피해야 하는 영역이었다. 그런데 첫 발견이 일어나고 보니 부도체에 불순물을 추가하면서 열리는 이 영역은 구리산화물에 국한하지 않고 초전도 현상들이 나타날 수 있는 영역이었고, 꼭 초전도 현상이 아니더라도 흥미로운 물리 현상이 많이 일어나는 곳이었다.

단순한 비유가 아니라 물질을 연구하는 물리학자에게는 정말로 지도가 필요하다. 지리학에서의 지도가 위도와 경도를 기준으로 지상에 있는 다양한 지형을 보여준다면, 물리학자의 지도는 물리적 인자를 기준으로 여러 물질의 상태가 어떻게 분포하는지를 보여준다. 이런 지도를 '상도표phase diagram'라고 하는데, 상도표를 잘 읽어야 길을 잃지 않고 원하는 물리 현상을 연구할 수 있다.

다음 그림은 일반적인 기체의 상도표를 보여준다. 가로축과 세로축은 각각 온도와 압력을 나타낸다. 이 그림에서 축을 따라서 이동하면 고체, 액체, 기체 상태를 넘나들 수 있다. 예

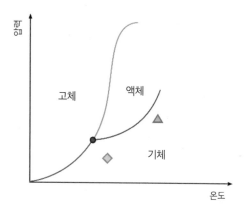

압력

고체   액체

기체

온도

▲ 물질의 상태변화를 보여주는 상도표.

를 들어 삼각형으로 표시된 기체 영역에서 시작해서 온도를 낮추면 왼쪽으로 이동하면서 기체 → 액체 → 고체 영역을 탐험할 수 있다. 지도에서 한 나라에서 다른 나라로 넘어가는 방법이 하나만 있는 것은 아니듯, 다른 방향에서도 같은 상태에 도달할 수 있다. 예를 들면 마름모로 표시된 영역에서 압력을 올리면서 물질을 관찰해도 기체에서 액체를 거쳐 고체로 가는 상태변화를 볼 수 있다. 경우에 따라서는 액체를 거치지 않고 바로 고체와 기체를 넘나들 수도 있는데, 다시 마름모로 표시된 영역에서 왼쪽 대각선 위로 이동해서 빨간 선을 넘으면 기체에서 곧바로 고체로 상태변화가 가능하다. 흔히들 '승화'라고 하면 고체에서 기체로 변화는 것을 떠올리는데 이렇게 기체에서 고체가 되는 과정 역시 승화이다. 서른한 가지 맛 아이스크림을 파는 가게에서 아이스크림을 사면 쉽게 얻을 수 있는 드라이아이스는 우리의 날숨에도 섞여 있는 이산화탄소를 얼린 고체이다. 드라이아이스는 액체를 거치지 않고 고체에서 곧바로 기체가 되어 사라지는데, 이것은 우리 주변에서 볼 수 있는 승화의 대표적인 예이다.

상도표의 가로축과 세로축은 온도와 압력에 국한되지 않는다. 물질의 성질을 바꾸어줄 수 있는 물리적 인자라면 어떤 값이든 사용할 수 있다. 예를 들면 자기장의 세기, 전류의 세기, 물질 내 전자의 밀도 등 다양한 값이 가능하다. 초전도 현상도 전자의 입장에서 보면 정상 금속에서 초전도체로의 상태변화, 즉 상전이 현상이다.

초전도 연구에서는 온도와 자기장을 각각 가로축과 세로축으로 하는 상도표를 많이 사용한다. 초전도 현상이 온도와 자기장을 따라서 상전이를 일으키기 때문인데, 다음 그림이 초전도체 상도표의 예이다. 점 A는 온도가 높아 일반적인 금속의 성질을 보이는 영역이다. 여기에서 가로축을 따라서 왼쪽으로 이동하다보면 초전도 현상이 시작되는 전이온도를 만나게 된다. 전이온도를 지나면 노란색으로 표시된 초전도체 영역에 진입한다. 계속 온도를 낮춰가면 점 B에 도달하는데, 이 지점에서 자기장을 걸어주어 그래프에서 위쪽 방향으로 이동

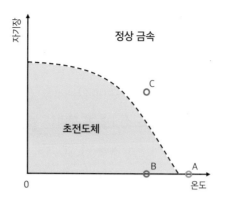

▲ 초전도체의 상도표.

해보자. 처음에는 초전도 상태를 유지하며 마이스너 효과를 보인다. 그러다가 임계자기장보다 큰 값으로 자기장 세기가 올라가면, 갑자기 정상 금속인 C 상태로 전환된다. 그래프를 보면 온도가 낮을수록 초전도체가 더 큰 세기의 자기장을 견디는 것을 알 수 있다. 상도표를 그리는 것은 올바른 이론을 세우는 데에도 도움이 된다. 현상을 제대로 설명하는 이론이라면 상도표의 형태도 수치적으로 정확히 설명할 수 있어야 하기 때문이다.

이제 조금 더 구체적으로, 구리산화물 초전도체를 연구하기 위한 상도표를 살펴보자. 이 상도표는 가로축과 세로축으로 홀 도핑과 온도를 사용한다. 스포츠 관련한 뉴스 등에서 '도핑

테스트'라는 말을 들어보았을 것이다. 선수들이 규칙에 어긋나는 약물을 사용했는지 확인하기 위해 소변과 혈액 등을 검사하는 것을 말하는데, 이는 다시 말하면 선수들의 몸에 본래 인체 구성 성분이 아닌 불순물이 있는지를 검사하는 것이기도 하다. 그런 불순물들은 선수들이 원하는 능력을 갖게 해주는데, 스테로이드를 써서 근육을 더 잘 만들 수 있게 한다거나, 베타차단제를 사용해 집중력을 증가시킨다거나, 성장호르몬을 통해 부상에서 빠르게 회복하게 하는 등 일반인의 범주에서 벗어나는 능력들이다.

물질에서의 도핑도 원래의 물질에 불순물을 넣는 과정이다. 고체 안에 가지런히 놓여 있는 원자들 중 일부를 빼내고 그 자리에 불순물을 넣어주는데, 이 불순물을 잘 활용하면 원래는 없었던 성질을 갖게 할 수 있다. 예를 들면 자기적 성질을 갖고 있지 않은 물질도 도핑을 통해서 자기적 성질을 갖게 하는 식이다. 이처럼 원래 전기가 통하지 않지만 불순물을 넣어서 전기를 통하게 만든 물질이 바로 반도체이다.

전기적 성질을 바꾸기 위한 반도체의 도핑은 전자 도핑과 홀hole 도핑으로 나눌 수 있다. 전자를 도핑하는 것은 이해하기 어렵지 않다. 물질에 전자를 추가하는 것이다. 이렇게 되면 기존에 있던 전자는 꽉 잡혀 있지만, 추가로 들어온 전자는 상대적으로 자유롭게 움직일 수 있다. 홀은 진짜 입자는 아니다. 전

▲ 슬라이딩 퍼즐. 모든 칸이 조각으로 차 있다면 움직일 수 없다.

자 도핑과 반대로 홀 도핑은 기존에 있던 전자를 제거하는 도핑이다. 음전하를 띠는 전자를 제거했으니 상대적으로 양전하를 띠는 구멍(양공)이 생긴 것과 같은 효과를 보이는 것이다.

부도체에서 전자가 옆에 있는 원자로 넘어갈 수 없는 이유를 비유적으로 설명하자면, 슬라이딩 퍼즐에서 모든 칸이 조각으로 차 있는 상황을 생각해보면 된다. 이 상태에서는 퍼즐 조각이 움직일 수 없다. 마찬가지로 부도체에서는 자유전자가 없기 때문에 웬만하면 전기가 흐르기 어렵다. 이때 전자를 하나 제거해주면 마치 슬라이딩 퍼즐에 빈 자리가 생긴 것처럼 다른 전자가 자유롭게 움직일 수 있게 된다. 여기서 홀을 더 넣으면 전자의 자유도는 더 높아진다.

그런데 어떤 불순물을 넣어야 홀 도핑이 가능할까? 구리산화물 초전도체 중에서 가장 처음 발견되고, 또 가장 간단한 형태인 La-Ba-Cu-O 화합물을 예로 들어보자. 이 물질의 정확한 화학식은 $La_{2-x}Ba_xCuO_4$이다. 바륨의 조성에 붙은 미지수 x가 바로 초전도체의 성질을 조절하는 불순물이다. 원래 이 물질은 순수한 화합물인 La_2CuO_4에서 시작된다. 여기에 란타넘 일부를 바륨으로 치환해서 초전도 현상을 보이는 물질을 만드는 것이다. 이 과정이 홀 도핑인 이유는 란타넘과 바륨의 원자가 차이에 있다. 란타넘은 화합물이 될 때 전자를 세 개 내놓으며 La^{3+} 이온이 되지만, 바륨의 경우는 전자를 두 개만 내놓으며 Ba^{2+} 이온이 된다. 원래는 세 개씩 전자를 내놓던 양이온이 전자를 두 개만 내놓는 양이온으로 치환되었으니, 옆에 있는 구리의 입장에서는 전보다 전자를 하나 덜 공급받는 셈이다. 이렇게 전자를 하나 덜 받는 상황을, 홀 하나를 추가로 받았다고 생각할 수 있다.

• 핵심 정리 •

1. 상도표는 물리 현상을 탐험하기 위한 지도이다.
2. 구리산화물 초전도체에서는 홀 도핑을 이용해서 물질의 성질을 조절한다.

부도체에서 고온 초전도체로 가는 길

다음 그림은 구리산화물 초전도체의 상도표인데, 아직도 활발히 연구되고 있는 분야이기 때문에 확실하지 않은 부분도 많지만, 가장 널리 사용되고 있는 형태의 그림이다. 확실하지 않은 부분이 있더라도 지도가 없는 것보다는 있는 편이 새로운 현상을 탐험하는 데 도움이 될 것이다. 우리의 여정은 가장 왼쪽에 도핑이 되지 않은, 홀 도핑이 0인 지점에서 시작된다. 불

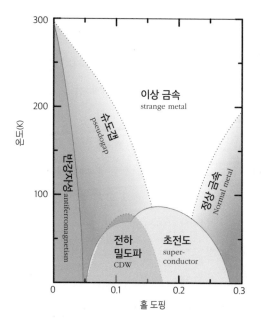

▲ 구리산화물 초전도체의 상도표.

순물이 없는 이 순수한 화합물은 부도체이다. 잘 알다시피 부도체와 초전도체는 서로 정반대의 전기적 특성을 가지고 있다. 온도를 절대영도로 낮추면 부도체는 전기저항이 측정할 수 없이 높은 값으로 발산하는 반면, 초전도체는 전기저항이 0인 상태에 도달한다. 역설적이게도 고온 초전도체로 가는 길은 부도체에서 시작된다. 그것도 아주 특별한 부도체에서 말이다.

일반적인 부도체는 앞에서 언급했듯이, 전자가 옆으로 쉽게 넘어갈 자리가 없기 때문에 전기가 잘 통하지 않는다. 전자의 크기는 작으니 승용차 뒷좌석에 끼어 타는 것처럼 옆으로 쏙 넘어갈 수도 있지 않을까 하고 생각할 수 있지만, '파울리 배타원리'라는 양자역학의 원리 때문에 전자가 넘어갈 수 있는 자리는 제한되어 있다. 전자가 따라야 하는 이 원리는 한 원자에 같은 상태를 가진 두 전자가 존재하지 못하도록 막는다. 이 경우 전자가 옆으로 넘어가려면, 꽉 차 있는 자리가 아니라 더 높은 에너지를 갖는 빈 에너지 층으로 이동해야 한다. 하지만 가지고 있는 에너지가 작기 때문에 부족한 에너지를 빛이나 열 등으로 외부에서 공급받아야 한다.

그런데 어떤 물질은 전자가 옆으로 갈 자리가 충분히 있는데도 불구하고 부도체가 된다. 이런 물질을 '모트 부도체Mott insulator'라고 한다. 1977년 노벨 물리학상을 받은 영국의 이론물리학자 네빌 모트가 그 성질을 처음 설명해내서 그의 이름이 붙었다. 대표적인 모트 부도체로는 니켈 옥사이드(NiO)를 들 수 있다. 이 물질의 니켈과 산소의 전자 수를 세어가며 계산해보면, 전자가 니켈 원자 하나에서 옆의 니켈 원자로 넘어갈 수 있는 경우의 수가 충분히 있다. 따라서 이론적으로는 전도체가 되어야 하는 물질이다. 하지만 여러 연구팀에서 실험을 해봐도 이 물질은 부도체인 것으로 측정이 되었다. 니켈 원자 하나와 산소 원자 하나로 구성된 이 물질의 전기적 특성을 설명할 수 없다는 것은, 당시 이론물리학자들에게는 당황스러운 일이었을 것이다.

모트는 이 물질의 이런 뜻밖의 성질을 전자 사이에 작용하는 전기적 척력을 이용해서 설명했다. 전자 사이에는 분명히 척력이 있는데, 기존의 이론에서는 이 척력을 무시해도 어느 정도 계산 결과가 맞았다. 하지만 모트 부도체를 구성하는 원자를 살펴보니 전자가 상대적으로 좁은 공간 안에 위치해야 했는데, 이렇게 전자를 작은 공간 안에 넣게 되면 전자 사이의 거리가 좁아 척력이 강하게 작용하게 된다. 이웃하는 원자에 빈자리가 있지만, 원래 있던 전자가 옆에서 넘어오려는 전자를 밀어내면서 전자를 넘어오지 못하게 막는 것이다. 보통의 부도체가 원자핵의 인력에 의해서 부도체가 된다면, 모트 부도체의 경우는 반대로 척력에 의해서 부도체가 된다고 할 수 있다.

모트 부도체에는 또 하나의 중요한 특성이 있다. 이 물질은

'반강자성antiferromagnetism'이라는 특별한 형태의 자성을 띤다. 앞에서 고체 물질이 보이는 대표적인 세 가지 자기적 성질인 상자성, 강자성, 반자성 현상을 소개했는데, 모트 부도체는 여기에 속하지 않는 자성을 보인다. 다시 한번 말하자면 고체에서 각각의 원자는 작은 나침반 혹은 자석처럼 행동한다. 상자성체와 강자성체에서는 이 작은 자석들이 외부 자기장과 같은 방향으로 정렬되고, 반자성체에서는 외부 자기장과 반대 방향으로 정렬된다.

그런데 반강자성체의 원자 자석들은 조금 특이한 형태로 정렬된다. 이런 성질을 보이는 물질에서는 한 원자 자석이 바로 옆에 있는 원자와 반대 방향으로 정렬되고 싶어한다. 나침반의 방향을 화살표로 생각하면, 원자를 하나씩 넘어갈 때마다 화살표의 끝이 위아래로 왔다갔다 하는 형태를 띠는 것이다. 이 경우에 이웃하는 원자 자석끼리 자기장을 상쇄하기 때문에 전체 평균을 내면 자성을 보이지 않는 것 같지만, 확대해서 보면 내부의 원자 자석이 위아래로 번갈아가며 정렬되어 있는 것을 볼 수 있다.

이제 모트 부도체에 홀 도핑을 해서 상도표에서 오른쪽으로 가보자. 모든 자리가 꽉 찬 슬라이딩 퍼즐처럼 전자가 움직일 수 없었던 모트 부도체에는 홀 도핑 덕분에 빈 공간이 하나둘 생기기 시작한다. 이로 인해 부도체인 상태는 점점 힘을 잃는다. 그래프를 보면 홀 도핑을 하면서 부도체 상태를 유지할 수 있는 온도가 급격하게 낮아지고, 결국 전도체 상태로 변하는 것을 볼 수 있다. 부도체 상태가 완전히 사라졌을 때 비로소 초전도체가 절대영도에서 시작해서 피어나는 것을 볼 수 있는데, 여기에서 홀 도핑을 계속하면 초전도 전이온도가 올라가다가 다시 내려가는 형태를 보인다. 이 형태의 정점을 기준으로 왼쪽을 '덜 도핑된underdoped 영역', 정점을 '알맞게 도핑된optimally doped 영역', 오른쪽을 '과도하게 도핑된overdoped 영역'으로 부른다. 왼쪽부터 순서대로 살펴보도록 하자.

덜 도핑된 영역에서 대표적으로 보이는 현상으로는 '슈도갭pseudogap'이 있다. 앞서 이야기했듯 초전도체와 부도체에는 공통적으로 에너지 틈이 있다. 그런데 고온 초전도체의 상도표에서 초전도체도 부도체도 아닌 영역에 있는 전도체 또한 슈도갭이라는 일종의 에너지 틈을 갖는 것으로 밝혀졌다. 이 에너지 틈은 초전도 전이온도보다 높은 온도에서부터 열리기 시작하는데, 이 때문에 일부에서는 전이온도보다 높은 온도에서부터 이미 초전도와 비슷한 현상이 나타나는 것이 아닌가 의심하고 있다.

다음으로 살펴볼 현상은 '전하 밀도파charge-density wave'이다. 고체의 원자는 평행이동 대칭성을 만족시키며 일정 주기를 가지고 배열되어 있는데, 전자는 원자핵에 묶여 있기 때문에 공간상의 전자 분포도 원자들이 만드는 주기를 따를 수밖에 없다. 하지만 부도체와는 다르게 전도체에서는 전자가 원자핵의 영향에서 비교적 자유로울 수 있다. 그래서 영하의 온도에서 물 분자들이 모여 결정구조를 이루듯이, 금속 내의 전자들도 저온에서 서로 상호작용하며 격자 구조를 만든다. 전자로 만들어진 새로운 격자 구조의 주기성이 원래 물질이 갖고 있던 주기성과 다를 때가 있는데, 이러한 전자들의 밀도 파동을 전하 밀도파라고 한다.

다음 그림에서 파란 공은 원자를, 그 위의 너울은 전자의 밀도를 나타낸다. 이 그림에서 주목해야 할 것은 아래에 있는 원자이다. 원래 원자는 서로 일정한 간격을 유지하며, 규칙적으로 놓여 있었다. 하지만 전자들이 자기들만의 결정을 이루면서 그 영향으로 원자의 배열 또한 왜곡되었다. 전자 밀도를 보면 원자가 등간격으로 배치되었다고 가정했을 때의 원자 사이의 간격보다 몇 배 긴 주기로 너울거리는 것을 알 수 있다.

여기에서 특이한 점은 전자의 밀도가 어느 지점에서는 낮고, 또 어느 지점에서는 높다는 것이다. 그림을 보면 등고선으로 표현된 전자의 밀도가 주기적으로 증가하고 감소하는 것을 알 수 있다. 순수하게 전자만을 빈 공간에 뿌려놓았다면, 척력으로 인해서 균일하게 퍼졌을 것이다. 하지만 전하 밀도파 상태가 되면 마치 전자 간에 일종의 인력이 작용하는 것처럼 어

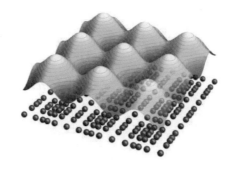

▲ 전하 밀도파의 모습.(Daniel Pröpper/MPI for solid state research)

느 영역에는 전자의 밀도가 주변에 비해서 높아진다. 그래서 바딘이 경쟁자로 생각했던 프뢸리히의 이론에서는 이 전하 밀도파와 같은 현상이 초전도 현상의 원인이라는 가설도 있었다. 물론 BCS 이론이 나온 뒤에는 전하 밀도파가 초전도의 원인은 아니라는 것이 밝혀졌지만, 구리산화물 초전도체만이 아니라 초전도 현상을 보이는 많은 물질에서 전하 밀도파가 발견되는 것으로 보아, 둘의 기저에는 같은 상호작용이 작동하고 있는 것 같다. 이 전하 밀도파와 초전도의 관계에 대해서는 흥미로운 연구 결과들이 많은데,[4] 그중 하나는 전하 밀도파가 초전도와 경쟁한다는 것이다. 이 연구에 의하면 자기장으로 초전도 상태를 약하게 하면, 전하 밀도파에서 나오는 신호가 커진다. 이런 양상은 앞의 상도표에서도 유추해볼 수 있다. 홀 도핑이 구리 원자 하나당 대략 0.12개 정도 되는 곳에서 전하 밀도파의 전이온도가 정점을 이루는데, 이 지점에서 초전도 전이온도가 푹 꺼지는 형태를 보이기 때문이다.

- 핵심 정리 -

1. 덜 도핑된 영역은 홀 도핑을 증가시키면 초전도 전이온도가 점점 증가하는 영역이다.
2. 이 영역에는 저온에서 일어나는 초전도 외에도 전하 밀도파와 슈도갭 등 흥미로운 물리 현상이 일어난다.

초전도체에서 일반 금속 상태로 빠져나가기

초전도 돔의 정점을 지나면 과도하게 도핑된 영역에 도달한다. 사실 이 영역은 덜 도핑된 영역에 비하면 상대적으로 주목을 덜 받아왔던 영역이다. 불순물이 첨가되지 않은 순수한 물질에서 시작해서 초전도가 나타나는 경로를 따라 연구하는 것이 그 원리를 밝힐 가능성이 높으니 덜 도핑된 영역이 많이 연구된 것이다. 실제로 2024년 현재 가장 가능성 있는 것으로 받아들여지고 있는 이론도 모트 부도체 상태의 반강자성 현상을 기반으로 하고 있다. 하지만 과도하게 도핑된 영역도 최근 들어 새롭게 주목받고 있는데, 기존에는 지루한 전도체 영역으로 생각했지만 이 영역에서도 흥미로운 물리현상이 일어난다는 보고가 있기 때문이다. 또한 과도하게 도핑된 영역에서 초전도 돔의 형태도 그리 정확하지 않다는 보고도 여럿 있다. 과도하게 도핑된 영역이 그 왼쪽 영역과 대칭적으로 감소하는 포물선 형태를 그리는 것이 아니라, 정점에 도달하는 것보다 더 완만한 곡선을 그리며 감소한다는 것이다.

과도하게 도핑된 영역에서 가장 높은 온도를 갖는 영역에는 '이상 금속strange metal' 상태가 있다. 상도표를 보면 거의 모든 도핑 영역의 높은 온도에서 이 상태를 볼 수 있는데, 이상 금속 상태는 그 이름처럼 참 기묘하다. 고전적인 금속 안에서 전자들의 움직임은 마치 유체와 같은 형태로 표현할 수 있다. 그리고 이런 금속 안에 있는 전자는 란다우가 고안한 '페르미 액체 이론'을 따른다. 이 이론은 금속의 전자를 마치 유체를 이루는 원자들처럼 다루며, 전자들 사이의 상호작용까지 고려할 수 있다. 이 이론에 따르면 저온에서 금속의 저항은 온도의 제곱에 비례하고, 고온으로 올라가면 저항의 증가 속도가 점점 느려지다가 금속이 녹는다. 그런데 이상 금속 상태에서는 저온에서 고온까지 저항이 선형으로 증가하며, 700K까지의 높은 온도에서도 선형 증가 경향을 유지한다.

전자가 저온에서 페르미 액체 이론을 따르는지 가장 쉽게

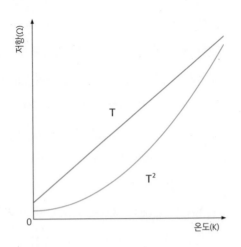

▲ 이상 금속 상태(T)와 페르미 액체 이론(T^2)의 저온에서의 저항 그래프.

확인할 수 있는 방법은 온도에 따른 전기저항 그래프를 그려 보는 것이다. 실험을 통해 금속의 전기저항을 측정해 그래프를 그리면 낮은 온도에서 온도의 제곱에 비례하는 곡선형 그래프 T^2을 얻을 수 있다. 온도가 높을 때에는 열에 의해서 활성화되는 격자진동과 같은 것들 때문에 페르미 액체 이론에서 조금 벗어날 수는 있지만, 저온으로 갈수록 페르미 액체 이론을 따라가는 경향이 강해진다. 하지만 이상 금속에 해당하는 영역에서 구리산화물 초전도체의 전기저항을 측정해보면 위 그래프에서 페르미 액체가 따라야 하는 주황색 곡선이 아니라 파란색 직선형 그래프 T를 보인다.

이상 금속이 보이는 이 선형 그래프는 구리산화물 초전도체의 상도표에만 국한되지 않는다. 앞에서 살펴봤듯이 모트 부도체에서 전기가 흐르지 않는 이유는 전자들 간의 전기적 척력 때문이다. 이렇게 전기적 척력이 중요하게 작용하는 물질을 '강상관계strongly correlated 물질'이라고 하는데, 이상 금속 현상은 강상관계 물질의 상도표에서 자주 관찰되며, 금속의 이 기묘한 상태가 전자들 사이의 강한 전기적 척력과 관련이 있다는 것을 암시한다. 하지만 이에 관한 정확한 이론 정립은 아직 요원한 실정이다. 2015년에 〈네이처〉에 실린 구리산화물 초전도체에 대한 리뷰 논문에서는 이 문제를 양자 물질에서 일어나는 가장 중요한 문제라고 꼽으며, 이를 해결하기 위해서는 완전히 새로운 아이디어가 필요하다고 주장했다.[5]

과도하게 도핑된 영역에서 계속 오른쪽으로 가다보면, 이상 금속의 영역이 좁아지고 페르미 액체 이론을 따르는 영역이 나타난다. 이 부분은 일반적인 금속과 같은 특성을 보이지만 저온에서는 초전도 현상이 나타난다. 이 영역에서 주목할 부분은 초전도 돔이 닫히는 지점이다. 학계에서는 대략 홀 도핑 0.26인 지점에서 초전도 돔이 닫힌다는 실험 결과들이 축적되어 있었다. 그래서 어느 시점부터 이 초전도 돔 형태가 정설로 받아들여졌다. 꽤 우아한 형태 때문인지, 이 돔 형태의 그래프에 사로잡혀 일부 물리학자들은 논문에서 이를 포물선 형태로 가정하고, 실험 결과를 이 포물선 형태에 맞게 옮기기도 했다.

하지만 최근 들어 상황이 달라지고 있다. 새로운 합성 기술로 만들어진 시료에서는 이 돔이 닫히지 않고 계속 이어진다는 결과가 나오고 있기 때문이다. 새로운 물질들은 최근에 와서야 연구가 시작되었기 때문에 자세한 정보는 부족하지만, 이 특별한 구리산화물 초전도체는 대기 환경에서는 합성할 수 없고 수 기가파스칼 수준의 산소 압력에서 합성을 해줘야 한다고 한다. 이렇게 만들어진 물질은 160쪽 그림에서 봤던 세 가지 구조와는 또 다른 구조를 보이는데, 아직 실험적으로 밝혀야 할 성질이 많다. 베드노르츠와 뮐러가 처음으로 구리계 초전도체를 발견한 지 벌써 40년 가까이 되어가지만, 연구해야 할 것이 이렇게 계속해서 생겨나니 고온 초전도는 정말 '핫'한 분야임이 확실하다.

• 핵심 정리 •

1. 과도하게 도핑된 영역에서는 초전도 전이온도가 도핑에 따라 감소한다.

2. 과거에는 덜 도핑된 영역에 비해서 과도하게 도핑된 영역을 지루한 영역이라 생각했지만, 최근 들어 다시 주목받고 있다.

5
초전도체의
근황

SUPERCONDUCTOR

○ ·

새로운 초전도체의 전통

고온 초전도체가 발견되기 전의 BCS 이론으로 설명이 가능
한 초전도 물질을 'conventional superconductor'라 하는
데, 우리말로는 '기존의 초전도체', '통상 초전도체', '전통적인
초전도체' 등으로 옮길 수 있겠다. 새로운 발견이 없었다면 그
냥 '초전도체'라는 단어만으로 충분했을 텐데, 고온 초전도체
가 '기존의 통상적인 전통'을 깨고 새로운 분야를 연 것이다.
기존 이론으로 설명할 수 없을 만큼 높은 온도에서 초전도 현
상을 보이는 초전도체를 '비통상적unconventional 초전도체'라
한다. 이를 어떻게 설명해야 할까? 나는 이론물리학자는 아니
기 때문에 조심스러운 면이 있지만, 그래도 확실하게 말할 수

있는 것은 아직까지 이 문제를 완벽히 해결한 이론은 없다는 사실이다. BCS 이론이 나오기 전 군웅할거의 시대를 보냈던 것처럼, 고온 초전도체가 발견되고 많은 이론이 제시되었지만 아직 확증된 것은 없다.

현재 이론적으로 가장 쟁점이 되고 있는 것은 '접착제'의 정체이다. 고온 초전도 현상도 결국 BCS 이론의 틀에서 크게 벗어나지는 않는다. 두 전자가 묶여 쿠퍼쌍을 이루어야 초전도 현상을 보일 수 있다. 전자와 전자가 묶여 쿠퍼쌍을 이루려면 접착제가 필요하고, 고전적인 초전도체에서는 격자의 진동이 이 역할을 해주었다. 하지만 구리산화물 초전도체의 높은 전이온도를 설명하기에 이 물질 안에서 일어나는 격자진동은 너무 약한 것으로 밝혀졌다. 현재 이 '접착제'와 가장 유력하게 관련이 있는 것은 도핑되지 않은 상태에서 나타나는 반강자성 현상이다. 반강자성 현상과 초전도를 연관시키려는 시도는 예전부터 있었다. 169쪽 상도표에서 볼 수 있듯 홀 도핑을 하면 반강자성은 초전도체가 나타나기 전에 사라진다. 하지만 초전도가 일어나는 영역에서도 여전히 전자들 간의 반강자성을 일으키는 자기적 상호작용이 살아 있다는 실험 결과가 있었고, 지금도 계속 쌓여가고 있다.

기존 이론을 따르지 않는 초전도체는 구리산화물 초전도체가 등장한 이후에도 계속해서 발견되었다.

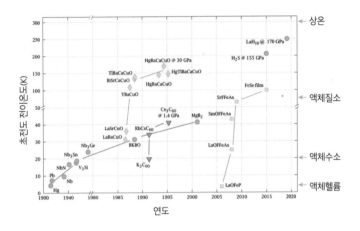

▲ 연도별로 발견된 몇몇 초전도체의 전이온도.(Pia Jensen Ray, 2015, 저자 일부 수정)

위의 그림은 연도별로 발견된 초전도체의 전이온도를 그려
놓은 그래프이다. 그림을 보면 네 종류의 초전도체가 보인다.
물론 초전도를 보이는 물질은 이보다 훨씬 많지만, 기록이 깨
지거나 새로운 종류의 물질이 등장했을 때에만 이 그래프에
표시했다. 이 중에서 30K 이상의 높은 전이온도를 갖는 고온
초전도체만 골라서 살펴보자.

처음으로 살펴볼 물질은 보라색 역삼각형으로 표시된, 탄소
60개가 축구공 모양으로 구성된 버키볼 물질이다. 'C60 초전
도체'라고 불리는 이 물질군은 버키볼이 규칙적으로 쌓여 있
고, 그 사이에 알칼리 금속 원자들이 들어가는 구조를 가지고

있다. 여기에서 말하는 알칼리 금속은 주기율표에서 가장 왼쪽 줄에 있는 금속이다. 처음 발견된 포타슘(K, 칼륨)이 포함된 화합물은 20K의 낮은 전이온도를 보였지만, 주기율표에서 포타슘 아래에 있는 무거운 루비듐(Rb)을 넣었더니 30K 이상으로 전이온도가 도약했다. 이후 세슘(Cs)을 넣은 물질을 합성했는데, 이 물질은 고압에서 40K 이상에서 초전도성을 보였다. 사실 이 물질의 전이온도 기록은 50K을 넘어 100K까지도 도달한 적이 있다. 하지만 나중에 이것은 데이터 조작으로 밝혀졌는데, 물질물리학계 최대 스캔들에 얽힌 이 이야기는 뒤에서 더 다루도록 하겠다.

다음으로 주목할 초전도체는 노란색 정사각형으로 표시된, 구리 대신에 철(Fe)이 주된 성분을 이루는 철계 초전도체이다. 이 물질은 2006년 일본 도쿄공업대학교의 호소노 히데오에 의해서 처음 발견되었다. 일본의 연구팀이 철이 포함된 물질에서 최초로 초전도 현상을 발견했을 때의 전이온도는 4K밖에 되지 않았다. 하지만 10년도 되지 않는 기간에 전이온도는 100K에 가깝게 도달했고, 이 물질을 이용해서 얇은 박막을 만들면 100K에서 초전도를 보인다는 보고까지 있는 상황이다. 철계 초전도체의 특이한 점은 구리산화물 초전도체는 산화물 기반인 반면, 이 물질군은 주기율표에서 산소의 아랫줄에 있는 황(S), 셀레늄(Se), 불소(F), 비소(As), 심지어는 수소(H)까지 다양한 원소를 포함하고 있다는 사실이다. 철계 초전도체는 앞의 그림에서 푸른색 마름모로 표시된 구리계 초전도체 그리고 뒤에서 소개할 니켈산화물 초전도체와 더불어 가장 활발하게 연구되고 있는 물질이며, 아직도 그 원리는 밝혀지지 않고 있다.

격자진동에 의해서 초전도를 보이는 물질 중에도 고온 초전도체가 있다. 수은의 초전도 발견으로 시작된 이 물질군을 BCS 초전도체라고 하는데, 앞의 그림에서 녹색 원으로 표시되어 있다. 이 물질군의 전이온도는 고온 초전도의 발견 전에는 25K이 한계인 것처럼 보였다. 하지만 고온 초전도 현상을 발견한 이후로 구리가 포함되지 않은 Ba-K-Bi-O로 구성된 물질을 연구하다보니 30K의 전이온도를 보이는 것을 발견했다. 실험 결과 이 물질은 BCS 이론으로 설명이 가능했으며, 격자진동과 전자 사이의 상호작용이 매우 강해서 금속으로 만든 합금보다 높은 온도에서 초전도를 보일 수 있었다. 계산에 따라 차이가 있지만 BCS 이론에 기반한 예측은 최대 30K까지도 예측했기 때문에, 이 물질은 이론적으로 예측된 한계에 도달한 물질로 여겨졌다. 그 이후 10년 넘는 기간 동안 이 기록이 깨질 가능성은 보이지 않았다. 하지만 자연은 마그네슘 디보라이드(MgB$_2$)라는 물질을 숨겨놓고 있었다. 이 물질은 40K에서 초전도를 보였는데, 마치 초전도를 위해 전자-포논 상호작용을 최적화한 것 같았다. 그리고 포논에 기반한 BCS 이론으로 높은 전이온도를 설명할 수도 있었다. 이 물질을 보면 한정된 지식으로 내린 인간의 예측이 얼마나 무력한지 알 수 있다. 40K이라는 마그네슘 디보라이드의 전이온도는 다른 고온 초전도체에 비해 초라해 보일 수 있지만, 전통적 초전도체에 대한 관심을 다시 불러일으켰으며 뒤에 일어날 큰 발견에 동기를 부여해주기도 했다. 앞의 그래프에서 오른편 위쪽, 2015년부터 높은 곳에 별처럼 떠 있는 두 점이 바로 그 큰 발견인데, 정말로 상온에 가까운 온도에서 초전도를 보이는 물질이 발견된 것이다.

• 핵심 정리 •

1. 전자-포논 상호작용에 기반한 BCS 이론으로 전이온도를 설명할 수 없는 초전도체를 비통상적 초전도체라 한다.
2. 구리계 초전도체를 시작으로 다양한 비통상적 초전도체가 발견되었다.

썩은 계란과 초전도체

기존 전이온도의 한계는 사실 '상압에서 존재하는 금속'을 전제하고 나온 수치이다. BCS 이론이 시사하는 바를 요약하자면, 높은 전이온도를 갖기 위해서는 전기가 잘 통하는 물질이어야 하고, 격자진동과 전자의 상호작용이 커야 하며, 가벼운 원자를 포함해야 한다. 그리고 강자성을 띠는 물질은 초전도에 해롭다. 주기율표에서 위의 조건을 만족하는 모든 원소가 이미 연구되었지만, 이론에 기반해 다음과 같은 상상을 해볼 수 있다.

격자진동과 전자의 상호작용 자체가 큰 물질을 찾는 것은 쉽지 않지만, 가벼운 원자가 필요하다는 조건에 부합하는 물질을 찾아보면 어떨까? 우주에 수소보다 가벼운 원소는 없으니 최고의 초전도 물질은 순수하게 수소로 만든 금속일 것이라 생각해볼 수 있다. 수소는 기체인데 금속이 되다니, 그리고 초전도체까지 되다니 허무맹랑한 이야기로 들릴 수 있겠지만 이런 상상을 했던 물리학자가 실제로 있었고, 지금도 이 상상의 물질을 얻기 위해 연구하고 있는 사람들이 있다. 그리고 놀랍게도 지금까지는 꽤 성공적이었다고 할 수 있다.

오너스가 여러 초전도 물질을 발견하고 가장 먼저 한 실험은 물질을 눌러보는 것이었다. 고체에 압력을 가하면 원자 사이의 거리가 줄어들고, 이를 이용해서 물질의 성질을 조절할 수 있기 때문이다. 이러한 실험을 위해서는 물질을 모든 방향에서 균일하게 눌러주는 것이 중요하다. 프레스와 같은 기계로 고체를 누르는 방법도 있겠지만, 이렇게 하면 한 방향으로만 압력을 가하는 꼴이기 때문에 다른 방법을 사용해야 한다.

물질에 모든 방향에서 압력을 가하기 위한 가장 좋은 방법은 수압을 사용하는 것이다. 이 방법을 '정수압hydrostatic pressure'이라고 하는데, 얕은 물에서 잠수를 하면 압력을 느끼기 어렵지만 깊은 물로 들어가면 몸에 이상이 생길 정도로 높은 압력이 생긴다. 물속에서 압력은 10미터 깊이 들어갈 때마다 1기압씩 높아진다. 그래서 10미터 아래로 잠수하면 우리 몸은 대기압의 두 배로 눌리게 되고, 90미터 아래로 들어가면 대기압의 열 배로 눌린다.

그렇다고 실제 실험을 할 때 시료를 물속 깊은 곳으로 떨어뜨리지는 않는다. 바다에서 가장 깊다는 마리나 해구 바닥에 도달해도 1000기압을 조금 넘는 정도인데, 이는 수백만 기압이 넘는 압력이 필요한 고압 실험에서는 턱없이 작은 압력이다. 이렇게 높은 압력을 얻기 위해 실험실에서는 '다이아몬드 앤빌 셀diamond anvil cell(DAC)'을 사용한다. DAC에서는 평평하게 깎인 두 다이아몬드 사이에 시료와 압력 전달용 유체를 넣고 다이아몬드 사이의 간격을 줄이면서 압력을 가한다. 이렇게 가해진 압력은 유체를 통해 시료에 고르게 전달된다. 다이아몬드를 깎는 형태나 주위 기계 장치의 설계에 따라서 최대로 달성할 수 있는 압력이 다르지만, 잘 설계된 DAC를 사용하면 대기압의 수백만 배에 해당하는 압력을 얻을 수 있다.

DAC는 없었지만 오너스도 직접 만든 장치로 주석(Sn)에 가하는 압력을 바꾸어가며 전기저항을 측정했다. 그는 300기압을 가했을 때 주석의 초전도 전이온도가 오히려 약 0.005K 낮아지는 것을 확인했다. 수십 년이 지나 이런 경향은 전자-포논 상호작용에 기반한 BCS 이론으로 설명이 되었다. 전이온도는 포논 진동수와 전자-포논 상호작용의 조합으로 결정되는데, 높은 압력을 가하면 포논의 진동수가 커지긴 하지만 전자-포논 상호작용의 크기가 그보다 더 빠르게 작아져서 전이온도가 낮아지는 결과를 낳는 것이다. 이렇게 상압에서 BCS 초전도체가 된 주석과 같은 물질에 압력을 가하는 것은 초전도 이론을 검증하는 데에는 큰 도움이 되었지만, 초전도 전이온도를 올리는 일에는 큰 도움이 되지는 않았다.

반면, 원래는 초전도를 보이지 않는 금속이거나 심지어는 금속이 아닌 고체인 경우에는 이야기가 다르게 흘러간다. 우선 금속이 아닌 실리콘(Si)이나 게르마늄(Ge) 같은 반도체 원소는 애초에 전도체가 아니기 때문에 초전도체가 될 가능성이 없다. 하지만 압력을 활용하면 반도체나 부도체도 전도체로 만들 수 있다. 그리고 조건이 맞다면 초전도체도 될 수 있다. 부도체 안에서 전자는 원자핵에 꽉 붙잡혀 있다. 여기에 압력을 가하면 퇴근시간대 2호선 지하철 열차 안처럼 원자들이 좁은 공간에서 서로 딱 붙게 된다. 여기서 압력을 더 가하면 서로를 구분하기 어려울 정도로 원자들이 가깝게 붙게 되고, 전자가 원자 사이를 넘어가기 쉽게 되어 전도체로 변하게 되는 것이다. 그리고 이 물질의 온도를 낮추면 초전도체가 될 수 있다. 한편 일부 물질은 금속이지만 강자성을 띠어 초전도체가 되지 못하는 경우가 있는데 철(Fe)이 그 대표적인 예이다. 하지만 순수한 철도 높은 압력을 가하면 자성을 잃고 초전도체가 된다는 것이 밝혀졌다.

심지어 상압에서 고체가 아닌 기체도 압력을 이용하면 초전도체가 될 수 있다. 앞 장에서 다루었던 물질의 상도표를 다시 떠올려보자. 온도가 충분히 낮은 상태에서 압력을 가하면, 기체에서 곧바로 고체 상태로 변할 수 있다. 1998년 일본의 한 연구팀에서는 우리가 숨쉬는 데 필수적인 산소를 초전도체로 만드는 데 성공했다.[1] 산소 기체에 압력을 가해 고체로 만들고, 대기압의 약 100만 배인 100기가파스칼의 압력을 가하니 저온에서 산소가 초전도체로 변했다.

이렇게 보니 수소를 초전도체로 만드는 것도 전혀 꿈만 같아 보이지는 않는다. 1968년 〈피지컬 리뷰 레터〉에 물리학자 닐 애슈크로프트의 흥미로운 논문이 하나 실렸다(그가 쓴 고체물리학 교재가 대학에서 표준적인 교재로 쓰이기 때문에, 그는 고체물리학을 공부한 많은 사람들에게 스승과도 같은 존재이다). 논문의 제목은 〈금속성 수소: 고온 초전도체?〉였다.[2] 그는 고압으로 눌러서 수소를 전도체인 고체로 만들었을 때의 초전도 전이온도를 계산했고, 이것이 상온은 가뿐히 뛰어넘을 것으로 예측했다. 그러고는 목성과 같은 행성 중심에는 고체 수소가 형성되어 있으며, 이 고체 수소는 초전도 상태일 것이라 주장했다.

하지만 금속성 수소를 만드는 것은 쉽지 않았다. 실험 결과상으로는 대기압의 500만 배 이상의 압력이 필요할 것으로 보이는데, DAC를 활용해서 이를 안정적으로 달성하고 측정하는 일 자체가 무척 어려웠다. 금속성 수소를 만들었다는 발표가 여럿 있었지만, 실험 재현성이 많이 떨어졌다. 애슈크로프트가 초전도 수소 논문을 쓴 지 36년 후 그는 또 하나의 논문을 같은 저널에 발표한다. 제목은 그 전 논문 제목을 살짝 바꾼 〈수소를 많이 포함하는 금속성 합금: 고온 초전도체?〉였다.[3] 그의 1968년 논문을 읽은 사람이라면 재미있어 할 제목이다. 논문의 요지는 이렇다. 아직 실험적으로 금속성 수소를 얻는 것은 어려워도 수소를 많이 포함하는 합금을 만들면 초전도 현상을 볼 수 있다는 것이다. 과학자들은 바로 실험에 착수했다. 규소 원자 한 개와 수소 원자 네 개로 구성된 실레인(SiH_4)으로 실험을 해서 초전도 현상을 얻었지만, 전이온도는 17K에 불과했다. 그래도 아직 포기하기에는 일렀다.

계속되는 시도 중 의외의 물질에서 혁명적인 발견이 이루어졌다. 주인공은 수소 원자 두 개와 황 원자 한 개로 구성된 황화수소(H_2S)였다. 이 물질은 특유의 계란 썩는 냄새가 나며, 변이나 방귀에서 나는 악취의 원인 중 하나로 알려져 있는 기체이다. 황과 수소라니, 단순히 구성 성분만 본다면 정말 별 볼 일 없는 물질이다. 하지만 수소로 만들어진 초전도체를 쫓고 있던 과학자들에게는 황금보다 귀한 물질이었을 것이다. 2015년 독일 마인츠에 있는 막스플랑크 화학연구소에서는 악취 나는 이 기체를 눌러 203K에서 초전도 현상을 보이는 것을 확인했다. 구리계 초전도체를 포함해서 어떤 초전도체에서도 도달한 적 없는 역사적인 온도였다. 이들은 여기서 멈추지 않고 2019년 수소 열 개당 란타넘 원자가 하나 섞여 있는 란타넘 데카하이드라이드(LaH_{10})라는 물질을 170기가파스칼로 눌러 초전도 현상을 발견했다. 온도는 무려 250K, 섭씨 영하 23도였다. 지구상에서 영하 23도에 도달하는 것은 추운 지방에서는 일상적으로 있는 일이고, 우리나라에서도 흔히 있는 일이니 이제 정말 상온 초전도체라고 부를 만한 물질이 발견된 셈이다.

전이온도를 높이기 위한 조건과 관련하여 BCS 이론은 오래전부터 정립이 되어 있었고, 실험은 이제야 시작되었다는 점에서 수소 기반 초전도체는 앞으로가 더 기대되는 물질이다.

수치적인 계산에는 발전이 더 필요하겠지만 실험 결과를 예측하는 이론의 정확도는 충분히 높다. 이론은 이미 고압에서 영상의 전이온도를 갖는 초전도체를 예측하고 있는 것이다. 이제 정말로 상온 초전도체가 세상에 등장할 때가 머지않았다.

• 핵심 정리 •

1. BCS 이론에 의하면 가벼운 원자를 포함할수록 높은 전이온도에 도달할 수 있다.
2. 원소 중에서 가장 가벼운 수소를 많이 포함하는 물질은 대개 전기가 잘 흐르지 않지만, 높은 압력을 가하면 금속은 물론 초전도체까지 될 수 있다.

초전도체와 나노스케일 박막

내가 연구소에서 맡은 일은 양자 물질을 원자 단위로 쌓아서 나노미터 두께의 박막을 만들고, 이 박막에서 일어나는 물리적 현상을 연구하는 것이다. 양자 물질이란 물질의 성질이 전자의 양자역학적 특성에 의해서 결정되는 물질을 말한다. 초전도체, 양자 자석, 모트 부도체, 위상 부도체 등이 이런 양자 물질에 속한다. 실험실에서 길러지는 여러 양자 물질 중 가장 큰 비중을 차지하는 것은 단연 구리계 고온 초전도체이다. 고품질의 초전도체 박막을 만드는 일에는 결벽증과 같은 집착과 운동선수의 훈련과 같은 루틴이 필요하다. 구리계 초전도체는 너무도 민감해서 원자 간 비율을 조금이라도 잘못 맞추거나 관리 소홀로 장비가 오염되면 전이온도가 원래 값보다 뚝 떨어지기 때문이다. 완벽한 시료를 얻는 일은 어렵다. 하지만 모든 조건이 완벽히 맞아떨어져 좋은 시료를 얻는 날이면, 기판 위에 올려진 10나노미터를 조금 넘는 두께의 이 가냘픈 원자 층은 나에게 세상에서 가장 소중한 물체가 된다.

박막을 만들기 위해서 우리 연구팀은 분자선에피택시 Molecular Beam Epitaxy(MBE)라는 기술을 사용한다. 여러 박막 합성 기술 중에서 극악의 난이도를 자랑하는 이 기술은 진공 속에서 분자선을 쏘아서 기판 위에 쌓는 방법이다. 엄청나게 많은 부품이 달린 MBE 장비는 엔트로피가 증가하면서 조금씩 무너져가는데, 우리 팀은 이 장비를 매일 다시 일으켜 세우고, 조이고, 닦는다. 그러나 진공 장비는 작은 실수로도 오염되기 십상이고, 구리 등의 금속을 산화시키기 위해서 사용하는 오존은 너무 독해서 지나가는 자리에 있는 부품들과 장비를 전부 부식시킨다. 오죽하면 MBE의 약자가 '거의 항상 고장 나 있는 장비Mostly Broken Equipment'라는 농담이 있을까. 하지만 무너져 내림과 일으켜 세움 사이의 어느 지점에서 좋은 시료가 만들어진다. 그리고 이 지점을 놓치지 않기 위해서는 매일같이 실험 장비를 다루어야 한다. 고된 일이지만 박막을 만드는 일을 멈출 수 없는 이유는 이렇게 한번 제대로 만들어진 시료가 수십 수백 번 측정될 수 있고, 그 연구 결과를 통해 고온 초전도체의 비밀을 밝혀나갈 수 있기 때문이다. 또 베드노르츠와 뮐러의 고온 초전도체 발견처럼, 물질 합성을 통해서 새로운 발견을 할 수 있다고 믿기 때문이기도 하다.

그런데 양자 물질을 연구할 때 표준적인 방법은 물질을 박막으로 만드는 것이 아니라 단결정의 형태로 만드는 것이다. 쉽게 떠올릴 수 있는 가장 대표적인 단결정은 탄소 결정이 완벽히 정렬되어 있는 다이아몬드이다. 시료의 모든 원자들이 완벽에 가깝게 정렬되어 있는 단결정이야말로 물리학 연구에 가장 적합한 형태라고 할 수 있다.

그러면 박막은 왜 연구하는 것일까? 양자 물질 중 박막 연구에는 다른 종류의 가치가 있다. 첫 번째 가치는 저차원 연구이다. 단결정과 같이 3차원 형태를 갖는 시료를 '덩치bulk 물질'이라고 한다. 하지만 박막을 기르면 물질을 아주 얇게 만들어 2차원으로 만들 수 있다. 얇은 박막은 기판의 영향으로 성질이 크게 변할 수 있는데, 이런 특성을 이용해 전이온도가 높아진 시료를 만들기도 한다. 실제로 고온 초전도체 중 La-Sr-Cu-O 물질은 특정 기판 위에서 고품질 박막을 만들면 덩치 시료에서 얻을 수 있는 것보다 더 높은 전이온도를 달성할 수 있다.

두 번째 가치는 박막을 만들면 표면과 계면 연구를 할 수 있다는 것이다. 여기서 표면은 흔히 공기나 진공과 물질 사이의 경계를 말하고, 계면은 서로 다른 상태의 물질이 차지하는 두 공간 영역의 경계를 말한다. 볼프강 파울리는 "덩치 물질은 신이 만들었고, 표면은 악마가 만들었다"라고까지 표현했을 정도로 같은 물질에서도 표면이나 계면은 덩치 물질과는 전혀 다른 성질을 보일 수 있다. 이와 관련하여 얼마 전까지 활발하게 연구되었던 주제는 스트론튬 티타네이트($SrTiO_3$)와 란타넘 알루미네이트($LaAlO_3$), 두 물질의 계면이었다. 이 두 물질은 부도체인데, 둘 사이의 계면에서 전기가 잘 흐르는 전도체가 형성되고, 온도를 $0.1 \sim 0.2K$까지 내리면 초전도체로 변하기까지 한다. 또한 양자 물질 사이의 계면에서는 덩치 물질에서는 찾아볼 수 없는 자기적 현상이 일어나기도 한다. 예를 들면 구리계 초전도체 물질인 La-Sr-Cu-O 물질과 La-Sr-Mn-O 물질의 접합을 만들면, 두 물질 사이의 스핀이 상호작용하여 미래의 메모리 소자에 사용될 수 있는 '교환바이어스exchange bias'라는 자기적 성질을 띠기도 한다.[4] 특히 초전도체 연구에서는 계면이 중요하다. 조지프슨 접합과 같은 거시적 양자 현상의 연구도 박막 형태로 시료를 만들었기 때문에 가능할 수 있었다. 초전도체를 활용한 소자를 만들기 위해서도 박막 형태로 시료를 제작해야 한다.

세 번째 가치는 양자 물질 중에서 박막 형태로만 존재하는 물질이 있다는 사실에 있다. 현재 우리 실험실에서 만드는 박막 중에는 La-Cu-O에서 La 일부를 Ca로 치환한 La-Ca-Cu-O가 있는데, 이 물질은 덩치 시료에서는 12퍼센트 미만의 적은 양의 Ca만을 넣을 수 있지만, 최근 실험실에서 합성한 박막에서는 50퍼센트까지 불순물을 넣을 수 있었다. 그리고 이 영역에서 초전도 현상까지 관찰할 수 있었다.[5] 현재 고온 초전도체에서 가장 주목받고 있는 주제도 박막으로만 합성이 가능한 물질과 관련이 있다. 사실 최근까지 고온 초전도 연구에서 초전도체 박막의 비중이 크다고 할 수는 없었다. 구리계 고온 초전도체에서 최초의 발견은 가루 상태의 재료를 섞어서 구워 시료를 만드는 고상반응법을 통해서 이루어졌고, 대부분 실험물리학의 측정은 얇은 박막보다는 큰 단결정을 활용하는 것이 용이하기 때문에 박막보다는 결정을 활용하는 연구들이 주를 이루었다. 하지만 2023년 '고온 초전도체 클럽'에 니켈산화물 초전도체가 합류하면서 상황은 달라졌다.

역사적으로 구리계 산화물을 모사하고자 하는 노력이 많이 있었다. 꼭 구리가 들어가지 않는다고 해도 주기율표에서 구리와 가까운 원소를 이용하면 고온 초전도체를 만들 수 있지 않을까 하는 발상에서 연구가 이루어졌는데, 그중에서 가장 유력한 후보가 니켈산화물이었다. 주기율표에서 구리는 29번, 니켈은 28번으로 둘은 서로 이웃하는 원소이다. 전자의 수 차이가 하나밖에 나지 않기 때문에 물질을 잘 조절하면 구리계 산화물같이 만들 수 있지 않을까 하는 이론적 예측이 많았다. 그런데 그렇게 예측한 물질은 안정적인 니켈산화물에서 일부 산소를 제거해야만 합성할 수 있는 불안정한 화합물이라 합성이 용이하지 않았고, 오랜 시간 동안 여러 사람이 시도를 해왔지만 니켈산화물에서 초전도 현상을 볼 수는 없었다. 가끔씩 니켈산화물에서 초전도 현상을 발견했다는 보고가 있었지만, 미확인 초전도 물체로 여겨지는 경우가 많았다.

하지만 2019년 스탠퍼드대학교 해럴드 황 교수의 연구팀에서 니켈산화물에 대한 이론적 예측을 처음으로 실험으로 재현하면서 양자 물질 박막 연구는 학계의 큰 주목을 받았다. 황 교수의 연구팀에서는 15K에서 초전도를 보이는 니켈산화물 박막에 대해서 보고했다.[6] 이 연구를 시작으로 다시 한번 고온 초전도체 연구는 활기를 띠게 되었다. 구리계 초전도체 연구가 오랫동안 교착 상태에 빠져 있었기 때문에, 다른 물질에서 초전도 현상을 발견한 것은 물리학자들을 흥분시킬 만한 소식이었다. 이런 물질의 연구를 통해 고온 초전도 현상의 원리를 밝히는 길이 열릴 수도 있고, 더 높은 전이온도를 달성할 가능성도 있기 때문이다. 첫 보고 이후, 다른 몇몇 그룹에서도 비슷한 온도에서 초전도 현상을 목격했다는 보고가 이어졌다. 특이한 사실은 이 물질은 아직까지는 박막 상태로만 초전도 현상을 보이고 있다는 점이다. 15K으로는 고온 초전도체 클럽에 들어갈 수 없지만, 2023년 중국 광저우의 연구팀에서 박막과는 다른 조성을 가진 니켈산화물 덩치 시료를 고압에서 측정했을 때 80K에서 초전도 현상이 나타나 이 물질도 고온 초전도체 클럽에 들어갈 수 있게 되었다.[7] 2024년 현재 고온 초전도 연구에서 가장 뜨거운 주제도 당연히 니켈산화물 초전도체이다.

· 핵심 정리 ·

1. 양자 물질을 박막으로 만들면 덩치 시료에는 없는 새로운 성질을 얻을 수 있으며, 응용을 위해서도 박막 형태로 만들어 연구하는 것이 필수적이다.

2. 현재 니켈산화물 초전도체 연구가 활발히 진행되고 있으며, 이 연구를 촉발한 것이 박막 형태로만 존재하는 니켈산화물 시료이다.

보물 창고와 도둑들

초전도 현상이 고체물리학에서 가장 중요한 현상이라고 말할 수는 없지만, 여러 물리 현상 중에서 가장 화려한 현상인 것은 의심의 여지가 없는 것 같다. 대단한 물리적 현상이라고 해도 훈련되지 않은 사람에게는 그 데이터가 별 감흥이 없을 수 있다. 〈네이처〉나 〈사이언스〉처럼 그나마 대중성 있는 학술지에 실렸다고 해도 그저 어지러운 그래프로 보일 뿐이다. 하지만 초전도체는 다르다. 갑자기 0으로 뚝 떨어지는 저항 그래프는 과학자가 아니더라도 마치 롤러코스터를 타는 것처럼 짜릿한 느낌을 준다. 자석 위에 둥둥 떠 있는 초전도체의 모습은 더 말할 것도 없다.

빈 헛간에는 도둑이 들지 않지만 보물 창고에는 도둑이 몰리는 법이다. 역사적인 발견들이 이루어졌던 만큼 스캔들도 많았다. 여기서 '스캔들'은 앞 장에서 다루었던 미확인 초전도 물체(USO)에 관한 것이 아니다. 대부분의 경우 USO는 실수나 경험 부족으로 인한 것이기 때문에 스캔들이라 볼 수는 없다. 굳이 말하자면 해프닝에 가까울 것이다. 하지만 이제부터 다룰 것은 데이터를 '의도적으로' 조작한 범죄에 가까운 사건들이다.

첫 번째는 물리학계 최대 그리고 최악의 스캔들 중 하나인

얀 헨드릭 쉰 스캔들이다. 2002년 사건이 터졌을 당시 서른한 살이었던 쉰은 벨연구소의 과학자로, 전 세계의 러브콜을 받으며 노벨상 후보로 언급되기도 했다. 스캔들이 터지기 전인 2001년 한 해에 그는 〈네이처〉와 〈사이언스〉에만 총 여덟 편의 논문을 출판했다. 어떤 사람에게는 평생에 한 편 싣기도 어려운 일인데 말이다. 그의 특기는 전기장 효과를 이용해서 물질을 도핑하는 것이었다. 보통 물질에 전자나 홀 도핑을 하려면 불순물을 사용해야 한다. 하지만 전기장 효과를 이용하면, 전압을 걸어주는 것으로 자유롭게 도핑의 양을 조절할 수 있다. 특히 이 효과는 반도체에서 크게 나타나서 전압을 걸어주는 것만으로 반도체의 전기 전도도를 쉽게 조절할 수 있어 반도체 트랜지스터에 사용되기도 한다.

우리가 이미 앞에서 많이 봐온 것처럼, 이전까지는 불가능했던 영역에서 실험이 진행되어야 새로운 발견을 할 수 있다. 쉰은 자신의 소자에서 발생하는 전기장이 지금까지 불가능했던 강한 세기를 갖고 있다고 주장했다. 마치 오너스가 액체헬륨을 독점했던 것처럼 쉰은 강한 전기장을 독점하고 논문을 찍어내기 시작했다. 그의 소자는 다른 연구팀은 넘볼 수 없을 만큼 높은 성능을 가졌기 때문에, 다른 이들이 그의 결과를 재현할 수도 없었다. 그는 재현에 계속해서 실패하는 다른 연구팀을 응원하고 도우려 하면서, 이 전기장 효과를 C60 초전도체와 접목시켜 부도체를 초전도체로 만들었다가 다시 부도체로 만드는 등 초전도 성질을 껐다 켰다 할 수 있다는 결과를 발표했다. 또한 전기장 소자를 이용해서 전이온도가 100K이 넘는 초전도체를 만들 수 있다는 결과를 발표하기도 했다. 이런 결과는 너무 놀라워서, 일부 이론물리학자들은 그의 실험 결과를 설명하기 위해서는 지금까지의 이론을 뒤집는 새로운 이론을 만들어야 한다고까지 했다. 마치 오너스가 처음 초전도체를 발견했을 때처럼 말이다. 하지만 쇤의 모든 주장은 거짓이었다.

세상을 놀라게 했던 그의 발견들은 그저 컴퓨터로 그린 그림에 불과했다. 그는 소자를 만드는 비법에 대해서 물었을 때, 박사과정을 밟았던 독일의 대학에 자신이 만든 특별한 기계가 있는데, 그 기계를 사용해야만 한다고 주장했다. 하지만 이 주장도 거짓으로 드러났다. 그의 실험 결과가 완벽했던 이유는 교과서와 논문에 있는 이론에 기반해서 데이터를 조작했기 때문이었다. 빛나던 그의 논문들은 철회되었다. 가장 대중적인 학술지인 〈사이언스〉와 〈네이처〉에서 각각 아홉 편과 일곱 편의 논문이 철회되었고, 이 외에 전문 학술지에서도 여러 편의 논문이 철회되었다. 조사를 하다보니 그의 박사학위 논문에서도 데이터 조작 사실이 밝혀졌다. 당연히 그는 벨연구소에서 해고되었고 박사학위도 취소되었다. 영광스러웠던 그의 이름은 지금은 연구 윤리에 관해서 다룰 때에 빠지지 않는, 반면교사로 사용되는 이름으로 전락했다.

두 번째 스캔들은 이 글을 쓰는 지금까지 조사가 진행 중인 사건이다. 로체스터대학교의 랑가 디아스 교수는 박사학위 때부터 물질을 고압으로 눌러 그 성질의 변화를 연구해왔다. 그는 특히 고압에서 물질이 초전도체로 바뀌는 현상에 대해서 꾸준히 연구해온 과학자였다. 박사학위 후 그는 하버드대학교에서 연구원 생활을 했는데, 이때 재현성에 문제가 있기는 했지만 고압물리학의 성배와 같은 금속성 수소를 만들어 〈사이언스〉에 논문을 싣기도 했다. 이후 디아스는 로체스터대학교에서 연구를 이어갔고, 2020년 10월에 금속성 수소를 뛰어넘는 히트작을 발표했다. 아주 높은 압력이 필요하긴 했지만, 영상의 온도에서 초전도 현상을 보이는 물질을 합성했다는 것이었다. 〈네이처〉에 출판된 이 충격적인 결과로 학계는 들썩였고, 그는 〈타임〉에서 선정한 '다음 시대를 이끌 100인'에 뽑히기도 했다.

하지만 이 결과를 의심하는 의견이 아카이브에 올라오면서 논란이 시작됐다. 처음에는 그저 해프닝인 것 같았지만, 문제를 제기한 상대 물리학자는 학계에서 초전도 관련 연구로 이름이 알려진 캘리포니아대학교 샌디에이고 캠퍼스의 물리학과 교수 호르헤 허쉬였다(연구원의 생산성과 영향력을 나타내는 지표로 유명한 'h-인덱스'를 만든 사람이다). 여러 과학자들이 출판된 디아스의 데이터를 검토했고, 데이터가 물리학적으로 옳지 않다는 결론이 내려졌다. 이로 인해 결국 2022년 9월 이 논문은 철회되었다.

어떻게 〈네이처〉와 같은 유명한 저널에서 잘못된 논문을 걸러내지 못했는지 의문을 가질 수 있다. 논문 심사는 동료심사라는 과정을 통해서 이루어진다. 학계에서 활발히 활동하는 학자를 선정해 논문이 저널에 출판되기에 충분한지 검토를 요청하는 것이다. 보통 기준은 해당 발견이 충분히 새롭고 흥미로운지, 그리고 실험과 해석에 논리적 오류는 없는지를 중점적으로 판단한다. 그렇기 때문에 의도적으로 데이터를 조작하거나 복제한다면 이를 잡아내기는 어렵다. 아주 서툴게 조작된 경우에는 심사 과정에서 걸러지기도 하지만, 쉰과 디아스의 경우는 진짜 데이터처럼 보이도록 조작되었기 때문에 심사 과정에서 걸러내기가 어려웠다.

논란은 여기에서 멈추지 않았다. 2021년 〈피지컬 리뷰 레터〉에 실린 그의 논문이 다른 논문의 데이터를 그대로 베낀 것이라는 의혹이 제기된 것이다. 실제 데이터를 살펴보면 서로 다른 물질에서 측정된 결과임에도 그 값이 완전히 겹쳐지는 것을 볼 수 있다. 계속되는 논란으로 이 논문도 2023년 8월 철회된다. 심지어 그의 박사학위 논문도 다른 사람의 박사학위 논문을 짜깁기한 것으로 드러났다. 또 2023년 3월 〈네이처〉에 출판된 상온 초전도체에 대한 또 다른 논문도 결국 같은 해 11월에 철회되었다. 디아스가 쓴 논문들의 철회가 논의되던 상황을 다룬 〈뉴욕타임스〉 기사에 의하면 해당 논문에 이름을 올린 열한 명의 저자 중에서 여덟 명이 철회를 원하고 있으며, 디아스 교수는 이 문제로 발언을 하는 사람들에게 법적 대응을 하겠다며 위협을 했다고 한다.[8] 이 글을 쓰는 2024년 현재까지 그의 박사학위와 교수직은 아직 유효한 것으로 보인다.

2023년 여름 한국에서 큰 이슈가 되었던 LK-99에 대해서, 논문 조작이라고 주장하는 사람들이 있다. 개인적으로 나는 조작은 아니고 USO라고 생각한다. USO도 긍정적인 것은 아니지만, 그래도 앞서 소개한 스캔들과는 비교할 수 없다(우리나라에서 논문 조작에 대한 이야기가 나오면 항상 등장하는 이름, 황우석 교수에 대해서는 하고 싶은 말이 있다. 황우석 교수의 가장 큰 잘못은 논문 조작이 아니라, 인간의 난자로 실험을 할 때에 함께 일하던 대학원생의 난자를 사용하고 돈으로 난자를 산 것 같은 비윤리적이고 반인륜적인 행동이라고 생각한다. 이에 비하면 논문 조작은 아주 작은 잘못에 불과하며, 논문 조작 사건에 그의 이름을 언급하는 것은 오히려 그의 죄를 경감시켜주는 것일지도 모른다. 황우석 교수는 현재 중동에서 낙타 복제 연구를 하며 아주 부유하게 살고 있다고 하니, 죗값을 치르고 있는지는 잘 모르겠다).

과학은 데이터로 말한다. 그런데 데이터란 무엇인가? 종이 위에 쓰여 있는 숫자와 그래프에 찍혀 있는 점이다. 누구나 종이 위에 점을 찍을 수 있다. 어린아이가 연필을 들고 모눈종이에 무작위로 점을 찍어도, 모르는 사람에게는 데이터로 보일 수 있다. 과학적 데이터는 해당 분야에 훈련된 사람들이 신중하게 찍은 점이다. 과학자는 실험 장비를 조심스럽게 조율하고, 계산 결과를 확인하며 이 숫자와 점이 자연을 정확하게 대변할 수 있도록 최선을 다한다. 그리고 다른 과학자도 이렇게 최선을 다할 것이라 가정하고 그들의 논문을 읽고 학회에서 서로 소통한다. 그렇기 때문에 과학자들은 동료심사를 통해서 논문으로 발표된 것들을, 큰 결함을 찾을 수 없는 한 기본적으로 믿고 읽는다.

모든 과학자는 연구를 할 때, 자연의 원리를 있는 그대로 밝히는 것이 최대의 이익이라고 생각해야 한다. 다른 과학자가 데이터를 의도적으로 조작했다는 생각이 들면 자신이 접하는 모든 논문 및 결과를 믿을 수 없게 되고, 이런 불신이 만연하게 되면 과학은 한 발자국도 앞으로 나아갈 수 없다.

사회는 생각만큼 이상적이지 않다. 과학의 본질은 자연의 원리를 밝히는 것인데, 과학을 이용해서 개인의 출세나 이익을 추구하려는 사람들도 있다. 이들에게 과학은 그저 수단이기 때문에 자연의 참모습은 그다지 중요하지 않다. 이런 사람들에게는 없는 데이터를 만들어내거나 자기 입맛에 맞는 데이터를 골라서 출판하는 것도 자연스러운 일이다. 이들에게 데이터는 그저 종이 위의 점일 뿐이기 때문이다. 데이터를 조작해서 출세하는 것이 그렇게 큰일이냐고 생각하는 사람도 있을 수 있겠다. 그저 몇 사람이 대학에서 교수직을 얻고, 작게는 수천만 원에서 크게는 수십억 원에 달하는 연구비를 받는 것이, 누군가에게는 그렇게 큰일로 여겨지지 않을 수 있다. 하지만 이런 행위는 과학이라는 시스템 전체를 망가뜨리고 퇴보하게 만든다는 점에서 결코 작은 일이 아니다.

• 핵심 정리 •

1. 얀 헨드릭 쇤은 전기장을 이용해 초전도 현상을 비롯한 물리 현상을 제어할 수 있다고 주장했지만 이는 데이터 조작으로 밝혀졌다.

2. 높은 압력을 이용해 상온 초전도를 달성했다고 주장한 랑가 디아스 교수의 연구들도 부정 행위로 밝혀져 논문들이 철회되었다.

초전도체의 사용처

초전도체는 극저온이나 고압에서만 성질이 발현되기 때문에 실생활에서의 사용은 어렵다고 생각할 수 있지만, 필요한 부분만 따로 냉각하면 이 문제는 쉽게 해결된다. 오너스가 초전도를 발견할 때에도 방 전체를 액체헬륨으로 채우지는 않았다. 물질을 외부와 격리시켜 진공을 만들어준 후 극저온으로 냉각시킬 수만 있다면 어디서든 저항 없는 도선과 강력한 전자석과 거시적 양자 현상을 이용할 수 있다. 실제로 현재 많은 곳에서 초전도체가 사용되고 있기도 하다.

그런데 진공상태는 왜 필요할까? 진공 기술은 저온 기술과 긴밀한 관계에 있다. 어떤 물체를 극저온으로 냉각할 때 주위를 진공상태로 만들어주지 않으면 여러 문제가 일어난다. 크게 두 가지 정도를 우선 생각해볼 수 있는데, 첫째는 온도 자체를 내리기가 어렵다는 것이다. 공기가 있는 상태에서는 공기 분자에 의해서 주변과 열 교환이 일어나기 때문에, 아무리 온도를 내리려고 해도 열이 들어와 온도가 내려가지 않는다. 둘째, 공기가 얼어서 냉각시키려는 부분에 붙을 수 있다. 수증기, 질소, 산소 등의 기체는 낮은 온도에서 얼어붙거나 액체 상태가 되기 때문에 작은 물체라도 진공 없이 극저온으로 온도를 내린다면, 주변에 꽤 큰 얼음덩이가 생길 것이다. 저온

및 진공 기술이 잘 발달된 오늘날에는 어렵지 않게 초전도를 사용할 수 있다. 단지 초전도를 활용한 경제적 이득이 저온 환경을 구축하는 비용을 초과할 때에만 사용할 뿐이다. 쉽게 말해 초전도체가 부품으로 들어간 장비는 굉장히 비싸다.

초전도체의 응용 분야 중에서 가장 많은 비중을 차지하는 것은 전자석이다. 초전도체 도선을 코일 모양으로 감아서 전류를 흘려주면 강한 자기장을 만들어낼 수 있다. 이런 초전도 자석을 쉽게 볼 수 있는 곳은 병원이다. 살다보면 병원에서 자기공명영상(MRI)을 찍어야 할 때가 있다. MRI는 핵자기공명 현상을 활용해서 몸속을 보여주는데, 해상도 높은 이미지를 얻으려면 수 테슬라의 세기를 갖는 자기장이 필요하다. 지구의 자기장이 20~60마이크로테슬라, 냉장고에 붙이는 자석의 세기가 100분의 1테슬라 정도에 불과하므로, 이렇게 큰 자기장을 얻기 위해서는 아주 강력한 전자석이 필요하다. 큰 자기장을 만들기 위해서 초전도 자석보다 좋은 것은 없다. MRI를 찍을 때 우리는 둥그런 원통 안으로 들어가는데, 이 원통 내부에는 초전도체가 둘러져 있으며, 진공과 저온을 만들기 위한 장치로 채워져 있다. 혹시나 기계가 저온 환경에서 얼어붙지는 않을까 하는 걱정은 안 해도 된다. 초전도체가 있는 부분은 진공으로 격리되어 있기 때문에 기계를 만져도 냉기는 전혀 느낄 수 없다. MRI가 있는 방에 들어가보면 소음이 꽤 많이

나는데, 대부분은 온도를 낮추기 위한 폐쇄회로 냉동기 소리와 진공을 만들기 위한 펌프 소리이다.

강한 자기장을 만들 수 있는 초전도 자석은 다른 곳에도 유용하게 사용될 수 있다. 전하를 띤 입자가 움직이고 있을 때 자기장을 걸어주면 입자의 궤도를 휘게 만들 수 있는데, 이 사실을 이용해 거대 입자가속기 시설이나 핵융합 시설에서는 빠르게 움직이는 입자의 궤도를 조종하기 위해서 수 테슬라의 자기장을 사용한다. 스위스와 프랑스의 경계에는 세계에서 가장 큰 입자가속기인 대형강입자충돌기(LHC)가 있다. 2013년 노벨 물리학상을 받은 피터 힉스가 예측한 힉스 보손을 실험적으로 확인할 때 이 가속기가 핵심적인 역할을 했는데, 이 가속기는 강한 전자석을 만들기 위해 니오븀과 티타늄의 합금으로 만든 초전도 전선을 사용한다. LHC에 있는 초전도 전선의 길이를 다 합치면 7600킬로미터에 달하고, 이 초전도체를 냉각시키기 위해서만 170톤의 액체헬륨이 사용된다고 하니 상상하기 어려운 규모이다.

그 밖에도 핵융합 발전을 위해서 사용되는 토카막tokamak이라는 장치에도 초전도체가 사용된다. 도넛 모양으로 생긴 토카막 안에는 입자들이 공중에 떠서 돌고 있는데, 고속으로 움직이는 입자를 가둬두기 위해 초전도 자석을 사용해 내부에 강한 자기장을 만들어주는 것이다. 핵융합은 아직 먼 이야기처럼 들릴 수 있지만, 이미 국가 연구소들뿐 아니라 기업에서도 고온 초전도체를 이용한 토카막을 개발하기 위해 노력하고 있다. 어쩌면 머지않아 핵융합을 통해서 만들어진 전기가 집 안으로 들어올지도 모른다.

양자컴퓨팅 분야에서도 이미 초전도체가 활약하고 있다. 이 경우에는 초전도체의 특징 중 거시적 양자 현상이 활용된다. 양자컴퓨터를 개발하고 있는 구글과 IBM 등 전 세계 주요 테크기업에서는 양자컴퓨팅의 최소 단위인 큐비트를 만들 때 2장에서 소개했던 조지프슨 접합을 활용하고 있다. 조지프슨 접합이 작동하게 하기 위해서도 마찬가지로 진공 및 저온 환경을 만들어야 한다. 현재 개발되는 양자컴퓨터 중 상당수가 이런 초전도체를 활용하고 있기 때문에 양자컴퓨터가 더 많은 곳에 사용된다면 초전도체의 수요는 더욱 늘어날 것이다.

초전도체는 현재 바다에서도 활약하고 있다. 미 해군은 초전도체의 특징 중 마이스너 효과를 활용해서 전함을 지키고 있다. 전함에는 많은 전기 및 전자 장치들이 있기 때문에, 전기의 흐름들로 인해 자체적으로 자기장이 발생한다. 그래서 자기장 센서를 활용하면 전함을 쉽게 찾아낼 수 있는데, 전함이 적국에 발각되면 곤란하기 때문에 아메리칸 수퍼컨덕터라는 회사는 고온 초전도체를 활용해 전함이 내뿜는 자기장을 가릴 수 있는 기술을 만들었다. 전함이 감지되지 못하도록 일종의 자기장 투명 망토를 만든 것이다. 이 기술은 이미 미 해군 전함에 도입되어 바다를 누비고 있다.

미래에는 초전도체가 더 많은 곳에서 사용될 것으로 보인다. 저항이 0이라는 점을 이용하면 전력 손실이 없는 송전선도 가능한데, 이런 송전선은 구리산화물 초전도체를 사용해서 만든다. 고온 초전도체로 만든 도선 주위에 액체질소가 흐를 수 있게 설계를 해서 땅에 묻어두면 초전류를 이용한 송전을 할 수 있다. 초전도 송전선은 이미 2019년 한국전력에서 상용화하여 일부 구간에서 운영하고 있기도 하다.[9] 전국적으로 사용하기 위해서는 더 많은 개발이 필요하겠지만, 기후변화와 자원고갈 등으로 에너지 문제가 점점 중요해지고 있기 때문에 개발 압력은 더 높아질 것이다. 머지않아 우리가 사용하는 모든 전기가 초전도 전선을 통해 우리나라를 누빌지도 모른다.

초전도는 하늘에서도 활약할 예정이다. 지구는 기후변화를 겪고 있는데, 이런 기후변화의 가장 큰 원인으로 인류가 오랫동안 사용해온 화석연료가 꼽힌다. 기후변화를 막기 위해서는 탄소 배출을 줄여야 하는데, 운송수단에 따른 탄소 배출량을 살펴보면 비행기가 단연 압도적이다. 대표적인 여객기 제조사인 미국의 보잉과 프랑스의 에어버스는 이런 상황을 타개하기 위해 화석연료 대신에 전기를 동력으로 사용하는 비행기를 개발 중인데, 초전도체를 그 핵심 재료로 사용하기 위한 연구가 진행되고 있다. 전기자동차가 이미 상용화되어 있어 전기비행기도 어렵지 않게 만들고 상용화할 수 있을 것 같지만, 전기로 운항하는 비행기를 만드는 것은 자동차의 경우와는 전혀 다른 이야기이다. 육중한 비행기를 띄우려면 전기로 움직이는 강력한 모터가 있어야 하는데, 이를 위해서는 엄청난 전류와 강한 전자석이 필요하다. 이 조건을 충족시키는 것이 바로 초전도체이다.

한편 마이크로스프트에서는 초전도체와 반도체를 결합해 양자컴퓨터에 사용하는 연구를 진행 중이다. 양자컴퓨터 개발의 난점 중 하나는 각종 노이즈 때문에 발생하는 큐비트의 오류이다. 초전도체와 반도체를 결합하여 만들어지는 특이한 초전도 상태를 이용해 무오류 양자컴퓨터를 만들 수 있다는 이론적 예측이 있었고, 마이크로소프트를 중심으로 한 연구진들이 이를 현실화하기 위해 노력하고 있다. '위상 양자컴퓨팅'이라고 부르는 이 방식은 2021년 재현성 논란에 휩싸이기도 했지만 최근 들어서 다시 주목을 받고 있다.

이상, 현재 많이 연구되고 있는 분야만을 뽑아보았다. 이처럼 초전도는 계속해서 발전하고 있는 분야이고, 언제 새로운 성질을 갖는 물질이나 쓸모가 발견될지 모르니 계속해서 지켜볼 필요가 있다. 초전도체가 우리 생활에 반도체처럼 깊숙이 들어올 날을 꿈꿔본다.

1. 초전도체는 의학, 군사, 운송 등 다양한 분야에서 사용되고 있다.

2. 초전도체는 구글, IBM 등 주요 테크기업들이 개발하고 있는 양
   자컴퓨터의 핵심 부품이다.

먼지물리학의 반란

먼지물리학Schmutzphysik. 양자역학의 기본 원리 중 하나인 파
울리 배타원리로 잘 알려져 있는 물리학자 볼프강 파울리가
고체물리학을 부르던 이름이다. 원자와 기본입자의 원리를 연
구하는 입자물리학자들에게 여러 종류의 원자들이 뭉쳐진 고
체의 물리적 현상은 '순수'해 보이지 않았을 수 있다.

실제로 응집물질물리학에서 연구하는 시료의 모양을 보면
먼지 같은 작은 가루를 뭉쳐놓은 것 같다. 나도 연구를 하다보
면 이것이 먼지인지 시료인지 구분하기 어려울 때도 있다. 또
한 불순물을 집어넣어서 물질의 성질을 변하게 하고, 시료의
결함이나 품질에 따라서 물리적 성질이 변할 수도 있기 때문
에 순수하거나 이상적인 상황이라고 하기는 어려울 듯하다.
하지만 바로 그 복잡함에서 오는 새로운 현상들이 응집물질
물리학을 현대물리학에서 가장 큰 분과로 만든 이유이기도

하다.

입자물리학이 물질을 부수는 학문이라면, 응집물질물리학은 물질을 짓는 학문이다. 입자물리학과 같이 작은 부분으로 쪼개어 연구하는 방법론을 환원주의라고 한다. 저명한 물리학자이자 과학 저술가이기도 한 스티븐 와인버그는 이 환원주의가 과학의 정수라고 주장한다. 환원주의 입장에서는 고체의 성질 같은 것은 그저 계산의 양을 늘리면 기본 상호작용에서 얻을 수 있다고 본다. 하지만 이렇게 쪼개기만 하는 것은 점점 세상을 단순화시키는 것에 불과하다. 이는 전자, 뉴트리노, 뮤온 등 기본입자까지 갈 필요 없이 원자만 생각해보아도 알 수 있다. 탄소 한 종류의 원자만으로도 다이아몬드, 흑연, 그래핀 등 다양한 성질을 갖는 물질을 만들 수 있지만, 이 물질들을 쪼개어보면 단순한 탄소 원자로 환원된다. 피카소의 그림을 쪼개서 튜브에 들어 있는 물감으로 환원시키는 게 가능한 일일까? 바흐의 음악을 단순한 음표의 집합이라 부를 수 있을까?

극단적인 환원주의에서 생각하는 것과는 달리, 그저 전자와 원자핵으로 만들어진 고체에서 계속해서 새로운 발견이 이루어지고 있으며, 이런 고체를 연구하는 응집물질물리학은 물리학에서 가장 규모도 크고 많은 발견이 이루어지는 분야라고 할 수 있다. 물질 안에서 수많은 전자와 원자핵들이 만들어내는 물리 현상을 단순히 몇 개 구성 성분으로 계산해낼 수는 없다. 이런 복잡한 대상의 행동을 알기 위해서는 실제로 물질을 만들어 실험해보는 것이 필요하다. 필립 앤더슨이 말했듯이 "많은 것은 다르기more is different" 때문이다. 전자, 중성자, 양성자 등 물질의 모든 구성 성분을 알고 있음에도 불구하고, 이들이 뭉쳐져서 만들어진 물질의 자기적 성질이나 전기적 특성을 수치적으로 정확히 예측하는 것은 불가능에 가깝다. 그래서 먼저 물질의 합성과 측정이 이루어지고, 그 결과를 이론을 이용해 설명하게 된다. 더욱이 전에 없었던 새로운 물리 현상인 초전도는 실험을 통해 발견되지 않았다면 이론적으로 예측하지도 못했을 것이다. 지금도 물질에서는 각 구성 성분의 단순 합으로는 설명할 수 없는 새로운 현상들이 계속 발견되어 물리학자들을 끌어들이고 있다.

그렇다고 고체물리학에서 이론이 무용지물이라는 말은 아니다. 오히려 그 반대다. 고체물리학의 이론은 수많은 입자로 우글대는 물질 안에서 규칙을 찾아내고, 불가능에 가까운 계산을 가능하게 만든다. 이 책에서 소개한 BCS 이론도 그중 하나이다. 이렇게 개발된 고체물리학의 이론에는 강력한 힘이 있다. 전자-포논 상호작용에 기반한 BCS 이론도 관련 지식이 축적되어 단순한 설명에서 벗어나 점점 정확한 예측을 하고 있다. 고압 초전도체의 경우 최근 BCS 이론을 이용해 높은 전이온도를 갖는 몇몇 물질을 '예측'했고, 실험 결과가 이 예측과 비슷한 값을 보였다. 하지만 구리계 초전도체를 비롯해서 현재 연구되고 있는 많은 초전도체들이 고전적인 BCS 이론을 벗어났기 때문에, 아직까지는 예측이 아니라 측정한 결과를 설명하는 문제에서조차 과학자들 사이에 일치된 의견이 나오지 않고 있는 상황이다. 환원주의에 따르면 그저 전자와 원자핵들뿐인데 말이다.

고체물리학의 발견 중 인류에게 가장 큰 영향을 준 것은 반도체 소자일 것이다. 존 바딘의 트랜지스터 소자가 지금의 반도체 시대를 여는 시작이었다고 할 수 있다. 우리 주변에서 반도체 없이 작동하는 전자제품을 찾는 것은 불가능에 가깝다. 브라운관 텔레비전 시절에 누가 반도체 기술을 활용한 평면 텔레비전이 나오리라 생각할 수 있었을까? 진공관으로 만든 거대한 방 크기만 한 컴퓨터가 우리 손에 들어올 정도로 작아질 것이라 누가 상상이나 할 수 있었을까? 이 모든 것들이 반도체에서 시작되었다.

한때 먼지물리학이라고 불리던 고체물리학은 반도체로 세상을 크게 바꾸는 주역이 되었다. 나는 앞으로도 새로운 물질의 발견이, 그리고 우리 주변에 있는 물질에 대한 깊은 이해가 인류의 미래를 이끌 것이라고 생각한다. 우리 주변에서 흔하게 볼 수 있는 물질들도 알고 보니 전혀 새로운 성질을 갖는 경우가 있는데 대표적으로 그래핀이 그렇다. 흑연은 연필심에 사용되는 아주 흔한 물질이지만 흑연을 원자층 한 겹 단위로 얇게 만들면 그래핀이라는 흥미로운 물질로 변신한다. 이 그래핀의 발견으로 2차원 물질이라는 새로운 분야가 열렸으며 반도체, 배터리, 디스플레이 등에 2차원 물질을 적용하기 위한 연구도 계속되고 있다.

인류가 당면한 문제를 푸는 데에도 고체물리학이 도움을 줄 수 있다. 현재 가장 큰 문제 중 하나는 에너지 문제인데, 이 문제에서도 고체물리학은 이미 반도체를 활용한 태양광 발전과 LED 조명 등으로 큰 기여를 하고 있다. 새로운 물질의 발견이 에너지를 더 잘 만들고, 더 잘 저장하고, 더 잘 사용하게 만들어줄 것이라고 나는 믿는다. 현재 활발한 연구가 진행되고 있는 2차원 물질, 전자의 스핀을 활용하는 자성 물질, 손실 없이 전기를 흘릴 수 있는 초전도체를 비롯하여 우리 주변에서 놀라운 성질을 숨기고 있을지도 모르는 많은 물질이 인류에게 새로운 세상을 열어주길 기대해본다.

• 핵심 정리 •

1. 고체물리학은 물질 내에서 일어나는 다양한 물리 현상을 설명하기 위한 학문이다.

2. 반도체 소자 등 우리 삶에 도움이 되는 많은 발견이 고체물리학 분야에서 이루어졌다.

꼬리말

물리학자를 꿈꾸던 고등학생 시절, 나는 서점에 가면 과학 코너를 맴돌곤 했다. 그때는 공중으로 던져진 공의 궤적 따위를 계산하는 것이 내가 가진 물리학 지식의 전부였지만, 최신 물리학에 대한 호기심에 혹시 볼 만한 교양서가 혹시 있을까 하고 물리학 서가 주위를 기웃거렸다. 당시 접했던 교양과학서, 그중에서도 물리학 관련 책들은 거의 입자물리학과 통계물리학 책이었다. 그 때문인지 나는 물리학의 다른 분야는 잘 몰랐고, 꿈도 입자물리학자와 통계물리학자 사이를 박쥐처럼 왔다 갔다 했다. 물론 당시 읽었던 몇 권의 책으로 이 두 분야를 잘 알고 있다는 나의 생각은 완전한 착각이었다. 그렇게 물리학과에 진학해서 신입생 오리엔테이션에 참석해보니, 놀랍게도 모든 학생이 나처럼 이 두 분야만을 바라보고 물리학과에 왔다고 했다. 아주 작은 집단에 국한된 것이지만, 그때 처음으로 교양과학서의 영향력이 굉장하다는 걸 느꼈다.

이 책은 대중을 염두에 두고 썼지만, 과거의 나와 미래의 물리학도에게 보내는 초대장이기도 하다. 글을 쓰면서 서점을 서성이던 과거의 내가 생각났다. 이 책이 서점의 물리학 서가에 놓여 있었다면 집어들었을까? 신입생 오리엔테이션에서 초전도체를 연구하고 싶어서 물리학과에 왔다고 말했을까? 아직도 풀어야 할 문제가 많고 놀라운 현상이 계속 발견되고 있는 이 분야에 나는 분명히 끌렸을 것이라 생각한다.

초전도 연구를 업으로 삼고 있지만, 그렇게 매일 보아도 초전도 현상은 놀랍기만 하다. 물질 안에서 도대체 전자가 어떻게 움직이고 있는지, 무엇이 전자들을 묶어서 쿠퍼쌍을 만드는지, 가끔은 몸이 전자만큼 작아진다면 그 비밀을 밝혀낼 수 있지 않을까 하는 터무니없는 상상을 하곤 한다. 그런데 내가 한국에서 석사를 시작했을 때에는 고온 초전도체를 연구하면 과학자로서 성공할 수 없다는 말을 들었다. 아마 너무 오랫동안 풀리지 않은 문제이기 때문에 이 연구를 하면 논문을 쓰기 힘들 것이고, 그러면 연구원이 되거나 교수 자리를 얻기가 어려울 것이라는 의미였으리라. 하지만 나는 결국 고온 초전도체를 연구하는 곳으로 유학을 떠났고, 지금까지 관련 연구를 계속하고 있다. 나 같은 과학자들이 전 세계에서 초전도 현상을 연구하면서 새로운 발견들이 쌓이고 있지만, 풀어야 할 문제는 여전히 많다.

과학자를 꿈꾸는 독자에게 꼭 하고 싶은 말이 있다. 100년 넘는 초전도체의 역사에는 몇몇 영웅담이 있지만, 그보다 실패담이 더 많다. 나는 그런 실패들까지 과학의 일부라고 생각한다. 난제에 마침표를 찍는 몇 사람이 되지는 못하더라도, 우리는 모두 난제를 풀기 위한 거대한 공동체 안에 있는 것이다. 그 과정에 동참하는 것만으로도 충분히 가치 있는 일이며, 그 과정 안에서 또 다른 문제를 풀기 위한 배움을 얻을 수도 있다. 그러니 연구하고 싶은 주제가 있다면, 망설이지 말고 도전해보라.

○

주

서론

1   A.P. Drozdov, P.P. Kong, V.S. Minkov, et al. "Superconductivity at 250K in lanthanum hydride under high pressures", *Nature* 569, 528-531 (2019).

1장

1   https://www.nobelprize.org/prizes/physics/1910/waals/lecture.

2   Kostas Gavroglu, "On some myths regarding the liquefaction of hydrogen and helium", *European Journal of Physics* 15, 9-15 (1994).

3   Douglas McKie, "Personalities in Physics", *Nature* 137, 419-421 (1936).

4   Dirk van Delft, "Little cup of helium, big science", *Physics Today* 61(3), 36-42 (2008).

5   Dewar to Kamerlingh Onnes, 5 January 1904, Archives of Heike Kamerlingh Onnes, Museum Boerhaave, Leiden, the Netherlands.

6   P. Ehrenfest to H. Lorentz, 11 April 1914, inv. no. 20, Hendrik Lorentz Archive, North-Holland Archive, Haarlem, the Netherlands.

2장

1   Bascom S. Deaver Jr., William M. Fairbank, "Experimental Evidence for Quantized Flux in Superconducting Cylinders", Phys. Rev. Lett. 7, 43 (1961); R. Doll, M, Näbauer, "Experimental Proof of Magnetic Flux Quantization in a Superconducting Ring", Phys. Rev. Lett. 7, 51 (1961).

2   B.D. Josephson, "Possible new effects in superconductive tunnelling", Phys. Lett. 1, 251 (1962).

3장

1   C. A. Reynolds, et al., "Superconductivity of Isotopes of Mercury", Phys. Rev. 78, 487 (1950); Emanuel Maxwell, "Isotope Effect in the Superconductivity of Mercury", Phys. Rev. 78, 477 (1950).

2   Tilman Sauer, "Einstein and the Early Theory of Superconductivity, 1919-1922", Arch. Hist. Ex. Sci. 61, 159-211 (2007).

3   상동.

4   Per F. Dahl, "Kamerlingh Onnes and the discovery of superconductivity: The Leyden years, 1911-1914", Hist. Stud. Phy. Sci. 15, 1-37 (1984).

5   N. Bohr, Letter to Heisenberg, end of December, from Hornbaek, in Niels Bohr Collected Works (1928).

6   L. Hoddeson, et al., "The development of the quantum-mechanical electron theory of metals: 1928—1933", Rev. Mod. Phys. 59, 287 (1987).

7   Interview of Richard F. Feynman, by Charles Weiner, June 28 1966, p. 168, American Institute of Physics, College Park, MD.

8   H. Fröhlich, "Isotope Effect in Superconductivity", *Proc. Phys. Soc. London* A63 778-778 (1950); J. Bardeen, "Zero-Point Vibrations and Superconductivity", *Phys. Rev.* 79, 167-167 (1950).

9   L. N. Cooper, "Bound Electron Pairs in a Degenerate Fermi Gas", *Phys. Rev.* 104, 1189 (1956).

10   https://history.aip.org/exhibits/mod/superconductivity/03.html.

11   https://www.aip.org/history-programs/niels-bohr-library/oral-histories/4864-1.

4장

1   G. Binnig, A. Baratoff, H. E. Hoenig, and J. G. Bednorz, "Two-Band Superconductivity in Nb-Doped $SrTiO_3$", *Phys. Rev. Lett.* 45, 1352 (1980).

2   https://www.nytimes.com/2007/03/06/science/06supe.html.

3   Paul M. Grant, "Woodstock of physics revisited", *Nature* 386, 115-118 (1997).

4   B. Keimer, et al., "From quantum matter to high-temperature superconductivity in copper oxides", *Nature* 518, 179-186 (2015).

5   상동.

5장

1   K. Shimizu et al., "Superconductivity in oxygen", *Nature* 393, 767 (1998).

2   N. W. Ashcroft, "Metallic Hydrogen: A High-Temperature Superconductor?", *Phys. Rev. Lett.* 21, 1748 (1968).

3   N. W. Ashcroft, "Hydrogen Dominant Metallic Alloys: High

Temperature Superconductors?", *Phys. Rev. Lett.* 92, 187002 (2004).

4   Kim Gideok et al., "Tunable perpendicular exchange bias in oxide heterostructures", *Phys. Rev. Materials* 3, 084420 (2019).

5   Kim Gideok et al., "Optical conductivity and superconductivity in highly overdoped $La_{2-x}Ca_xCuO_4$ thin films", *Proc. Natl. Acad. Sci.* 118, 30 (2021).

6   D. Li et al., "Superconductivity in an infinite-layer nickelate", *Nature* 572, 624 (2019).

7   H. Sun et al., "Signatures of superconductivity near 80 K in a nickelate under high pressure", *Nature* 621, 493 (2023).

8   https://www.nytimes.com/2023/09/29/science/superconductorretraction-ranga-dias-rochester.html.

9   https://www.yna.co.kr/view/AKR20191105050651003.

○

참고문헌

V. V. Schmidt, *The Physics of Superconductors*, Springer Berlin, Heidelberg.

M. Tinkham, *Introduction to Superconductivity* (2nd edition), Dover books.

L. Hoddeson and G. Baym, "The development of the quantum-mechanical electron theory of metals: 1928-1933", *Review of Modern Physics* 59, 287 (1987).

Jörg Schmalian, "Failed Theories of Superconductivity", *Modern Physics Letters B* 24, 2679 (2010).

Chris J. Pickard, Ion Errea, Mikhail I. Eremets, "Superconducting Hydrides under Pressure", *Annual Review of Condensed Matter Physics* 11, 57-76 (2020).

Bernhard Keimer et al., "From quantum matter to high-temperature superconductivity in copper oxides", *Nature* 518, 179 (2015).

P. W. Anderson, "How Josephson discovered his effect", *Physics Today* 23, 23-29 (1970).

SUPERCONDUCTOR